# Mikroelektronik

## Anwendungen, Verbreitung und Auswirkungen am Beispiel Österreichs

Veröffentlichung eines Forschungsauftrags
des Bundesministeriums für Wissenschaft und Forschung

Auftragnehmer:

Österreichisches Institut
für Wirtschaftsforschung

Österreichische Akademie
der Wissenschaften

mit einem Vorwort von
Bundesminister Dr. Hertha Firnberg

1981

## Springer-Verlag

Wien · New York

Copyright 1981 by Bundesministerium für Wissenschaft und Forschung
in Wien
Softcover reprint of the hardcover 1st edition 1981

ISBN-13:978-3-211-81679-0     e-ISBN-13:978-3-7091-7620-7
DOI: 10.1007/978-3-7091-7620-7

# Inhaltsverzeichnis

# Vorwort

*Mitte Oktober 1981 fand in Paris eine Sitzung jener internationalen Experten-
gruppe statt, die seit etwa zwei Jahren im Rahmen eines Mandats des Direktorats
für Wissenschaft, Technologie und Industrie der OECD die wechselseitigen Be-
ziehungen zwischen Informationstechnologie, Mikroelektronik, Produktivität
und Beschäftigung analysiert. Im Rahmen der jüngsten Tagung wurde erstmals
versucht, aus bereits vorliegenden nationalen Mikroelektronikstudien von elf
OECD-Ländern, zu denen von Anfang an auch Österreich gehört hat, eine erste
Gesamtbilanz zu ziehen. Ein Konsulententeam der OECD hat nach ausführli-
cher Analyse der einzelnen Länderberichte vier grundlegende Schlußfolgerungen
— Aussagen, wie sie auch aus der nunmehr vorliegenden österreichischen Untersuchung folgen — gezogen, die trotz aller strukturellen und makroökonomischen
Unterschiede der einzelnen OECD-Länder so bemerkenswert sind, daß sie an
den Beginn gestellt sein mögen:*

— *Die Mikroelektronik erlangt wachsende Bedeutung für a l l e Sektoren des
Wirtschaftsgeschehens.*

— *Die von der Mikroelektronik kurzfristig bewirkten Veränderungen werden
g r ö ß e r e Auswirkungen auf Qualifikationsniveaus und Organisations-
strukturen als auf Beschäftigtenzahlen haben.*

— *Eine niedrige Stufe der Anwendung (der Mikroelektronik) in einem beliebigen Land kann wachsende Wettbewerbsnachteile für die heimische Volkswirtschaft nach sich ziehen, die in der Folge weit gefährlichere beschäfti-
gungspolitische Auswirkungen hervorrufen können, als unmittelbar von den
direkten Substitutionseffekten (der Mikroelektronik) am Arbeitsplatz zu befürchten sind.*

— *Die Mikroelektronik eröffnet ein Potential zur Verbesserung der Lebens-
qualität, doch gibt es in der gegenwärtigen Situation in keinem Land eine
Garantie, daß diese Vorteile „automatisch" realisiert werden.*

*Erstmals wurden damit im internationalen Kontext die entsprechenden empirischen Befunde vorgelegt, denen die OECD explizit auch die vorliegende Studie des Österreichischen Instituts für Wirtschaftsforschung und der Österreichischen Akademie der Wissenschaften über Anwendungen, Verbreitung und Auswirkungen der Mikroelektronik in Österreich zugezählt hat.*

*Die Anregung, in Österreich eine Analyse über die ökonomischen und sozialen Aspekte der Mikroelektronik durchzuführen, ging von dem im Oktober 1978 zur Begutachtung einschlägiger Forschungsprojekte und zur Beratung des Bundesministeriums für Wissenschaft und Forschung in allen wissenschaftspolitisch relevanten Angelegenheiten der Mikroelektronik eingesetzten Projektteam „Mikroelektronik" aus. Diesem Projektteam ist es in relativ kurzer Zeit gelungen, einen Problemkatalog über die verschiedenen technologischen, mikro- und makroökonomischen und sozialen Aspekte der Mikroelektronik aufzustellen. Als Ergebnis einer öffentlichen Ausschreibung wurden das Österreichische Institut für Wirtschaftsforschung und die Österreichische Akademie der Wissenschaften mit der Durchführung der Studie betraut, eine geradezu ideale Kombination zur Bewältigung einer so komplexen und interdisziplinär angelegten Untersuchung. Es war nicht immer einfach, die schwierigen methodischen Probleme zu lösen, den Zugang zu den erforderlichen empirischen Daten sicherzustellen. Es sei daher mit großer Genugtuung registriert, daß vor allem die kompetenten Vertreter der Wirtschaft, der Industrie und der Gewerkschaften von Anfang an regen Anteil am Fortschritt der Arbeiten der Studie genommen haben und teilweise auch personell in die Durchführung verschiedener Projektetappen involviert waren. Somit konnten legitime Interessen der Betroffenen von Anfang an in die Aufgabenstellung und wissenschaftliche Methode inkludiert und — nicht zuletzt — dadurch auch die indirekte Verbreitung der wichtigsten Ergebnisse der Studie in einer qualifizierten Öffentlichkeit schon lange vor der Drucklegung sichergestellt werden.*

*Das große persönliche Engagement der Projektmitarbeiter hat sich in methodischer und empirischer Hinsicht voll gelohnt: Das auf der Grundlage bekannter Input-Output-Analysenmethoden erarbeitete Simulationsmodell besitzt den großen Vorteil, daß absolute Prognosen nach dem Muster von Horror- und Jubelversionen vermieden und an Stelle dessen relative Prognosen in Form von sogenannten Szenarios angeboten werden. Dem Benützer des Simulationsmodells wird es dadurch ermöglicht, an einem quantitativen Modell die Auswirkungen verschiedener wirtschafts-, sozial- und bildungspolitischer Maßnahmen — beispielsweise auf Arbeitsplätze und Qualifikationsniveau — zu analysieren. Es ist für das Verständnis der geleisteten Arbeit von großer Wichtigkeit, den eigentlichen Wert dieser „Modellbildung" — über den Rahmen dieser Publikation hinaus — richtig einzuschätzen: das Modell könnte in Form von höchst anspruchsvollen Computerprogrammen am Institut für sozio-ökonomische Entwicklungsforschung der Österreichischen Akademie der Wissenschaften auch weiterhin al-*

len interessierten Stellen zur Verfügung stehen bzw. sich zu einem unentbehrlichen Hilfsmittel für „mögliche Zukünfte" der Mikroelektronik in Österreich entwickeln.

Es drängt sich die Frage auf, welche Konsequenzen aus der Studie zu ziehen sind. Im Bewußtsein der Tatsache, daß Investitionen in Forschung und Lehre zu den wichtigsten innovationspolitischen Instrumenten moderner Industriegesellschaften zählen, kommt am Beispiel der Mikroelektronik selbstverständlich dem Ausbau der entsprechenden wissenschaftlichen Kapazität im universitären und außeruniversitären Bereich große Bedeutung zu. Das Bundesministerium für Wissenschaft und Forschung hat sich bereits frühzeitig mit den wissenschaftspolitisch relevanten Aspekten der Mikroelektronik befaßt: Seit 1975 veranstaltet das Bundesministerium für Wissenschaft und Forschung gemeinsam mit dem Bundesministerium für Bauten und Technik, dem Österreichischen Forschungszentrum Seibersdorf, der Bundesversuchs- und Forschungsanstalt Arsenal und den beiden Technischen Universitäten Wien und Graz in 2-Jahres-Abständen Informationstagungen im Rahmen der Fachausstellung „Industrielle Elektronik", bei denen ein Erfahrungsaustausch über den jeweiligen Stand der Forschung, Entwicklung und Anwendung der Mikroelektronik in verschiedensten Bereichen stattfindet.

Der Ausbau der Lehrkapazität in den Studienrichtungen Elektrotechnik und Informatik wird kontinuierlich fortgesetzt. Gegenwärtig sind an den Technischen Universitäten Wien und Graz rund 300 Lehrende im Bereich der Mikroelektronik und ihren nach- und vorgelagerten Spezialtechnologien (z. B. Nachrichtentechnik, Informatik usw.) tätig. An der Technischen Universität Graz wurde ein Ordinariat für Elektrotechnische Werkstoffe und Bauelemente eingerichtet, an der Technischen Universität Wien ein Ordinariat für Softwaretechnologie und ein Ordinariat für Prozeßdatenverarbeitung.

Im neuen Unternehmenskonzept des Österreichischen Forschungszentrums Seibersdorf ist ein neuer Forschungsschwerpunkt „Meßtechnik und Datenverarbeitung" vorgesehen.

Anfang 1982 wird in Graz im Rahmen der Österreichischen Computergesellschaft ein Forschungsinstitut für Angewandte Informationsverarbeitung errichtet werden.

Der Fonds zur Förderung der gewerblichen Forschung hat in den vergangenen Jahren in zunehmendem Maße industriell-gewerbliche Produktentwicklungen gefördert, bei denen der Einsatz der Mikroelektronik eine wesentliche Voraussetzung war.

Die VOEST-Alpine hat mit dem Abschluß eines Kooperationsvertrages zur Errichtung einer Forschungs-, Design- und Produktionsstätte für kundenspezifische Mikroelektronikbausteine in Österreich eine weitere Basis für diese hochtechnologische Wachstumsindustrie geschaffen. Schließlich ist das mit maßgeblicher *öffentlicher Unterstützung von der ÖIAG gemeinsam mit der Fa. Siemens in Villach im Jahre 1980 eingerichtete Entwicklungszentrum für Mikroelektronik zu erwähnen. Ein weiteres Indiz, in welch hohem Maße sich die Forschungs- und Entwicklungsförderung der öffentlichen Hand im Bereich der Mikroelektronik auch im außeruniversitären bzw. industriellen Bereich ausgewirkt hat.*

*Zweifellos werden weitere und vermehrte Anstrengungen zur Erhöhung der Lehr- und Forschungskapazität im Bereich der Mikroelektronik in Österreich erforderlich sein. Im Rahmen der Forschungskonzeption für die achtziger Jahre wird die Informationstechnologie, die wesentlich auf der Mikroelektronik als Basisinnovation beruht, als neuer Forschungsschwerpunkt vertreten sein.*

*Durch die Studie, ihre Zusammenfassung und Schlußfolgerungen ergeben sich Herausforderungen, die sich nicht allein an die Adresse der Wissenschaftspolitik, sondern an alle für bildungs-, wirtschafts- und sozialpolitische Fragen zuständigen Instanzen in unserem Lande richten. Möge die Studie dazu beitragen, die bildungs-, sozial- und wirtschaftspolitische Debatte im Bereich der Mikroelektronik weiter in Gang zu halten und eine zunehmende Versachlichung der Diskussion zu erreichen. In diesem Sinne setzt die vorliegende Studie neue Qualitätsmaßstäbe, an denen sich jeder messen muß, der hinkünftig kompetent über Möglichkeiten und Gefahren der Mikroelektronik in Österreich diskutieren möchte.*

D r .   H e r t h a   F i r n b e r g

*Bundesminister für Wissenschaft und Forschung*

# 1. Zur Entwicklungsgeschichte der Mikroelektronik

Obwohl sich die Wurzeln der Mikroelektronik[1]) bis in das vorige Jahrhundert zurückverfolgen lassen[2]), ist es sinnvoll, den Ursprung der Mikroelektronik in dem Zusammentreffen der Erfindung des Transistors mit dem Auftauchen von speicherprogrammierbaren Digitalrechnern gegen Ende der vierziger Jahre unseres Jahrhunderts zu sehen. Die für erfolgreiche Innovationen idealtypische Vereinigung einer neuen Technologie mit neuen Anwendungsmöglichkeiten setzte eine Entwicklung in Gang, die häufig als revolutionär bezeichnet und in ihrer Bedeutung und Tragweite für die Gesellschaft und Wirtschaft mit der Erfindung des Buchdruckes verglichen wird[3]). Allerdings wurden die weitreichenden Möglichkeiten des von einer Forschergruppe um *W. B. Shockley*, *J. Bardeen* und *W. H. Brattain* in den Laboratorien der Bell Telephone Corporation zwischen 1945 und 1948 entwickelten Transistors zunächst nur von einer kleinen Zahl anderer Wissenschafter und Forscher erkannt. Weder die Fachpresse noch die Mehrzahl der Elektronikingenieure hielt damals die Erfindung für besonders wichtig. Zu dieser — wie sich später herausstellen sollte — irrigen Meinung trug sicherlich auch die bescheidene Leistung der ersten „Kristallverstärker" bei. Diese waren außerdem schwierig zu erzeugen und daher auch teuer[4]).

Nennenswerte kommerzielle Bedeutung erlangte der Transistor erst um die Mitte der fünfziger Jahre, nachdem eine Reihe von wichtigen Weiterentwicklungen erfolgt war, die zu wesentlichen Verbesserungen der Leistungsmerkmale und zu drastischen Preissenkungen führten. In dieser Zeit des raschen Wechsels, insbesondere der Verfahrenstechnologie, gründeten in den USA vor allem Wissenschafter mit unternehmerischer Neigung eine Reihe von Halbleiterfirmen, die auch jene für die sechziger und siebziger Jahre entscheidenden Innovationen der Halbleitertechnologie durchführten und die etablierten Hersteller von Elektronenröhren überflügelten[5]).

Halbleiterbauelemente wurden anfangs in der Telefonie und für Hörhilfen verwendet. 1954 wurden die ersten Transistorradios verkauft und Fernsehkameras mit Transistoren bestückt. 1955 fand der Transistor Eingang in die Computerindustrie. IBM brachte den ersten Rechner auf den Markt, bei dem statt Elektronenröhren Transistoren verwendet wurden. Der Energiebedarf des Rechners konnte damit auf ein Zwanzigstel des ursprünglichen Wertes gesenkt werden, und die Zuverlässigkeit stieg merklich.

Der Anstoß zur Miniaturisierung elektronischer Bauelemente erfolgte jedoch nicht durch die Computerindustrie direkt, denn diese sah damals ihre Zukunft noch in wenigen und riesigen, zentralen Rechenanlagen. Der Anstoß kam vielmehr von den Raketen- und Satellitenentwicklungsprogrammen des Militärs und der Raumfahrtbehörde in den USA. Trotz der Beschränkungen hinsichtlich Raum, Gewicht und Energieversorgung war man hiebei auf komplexe elektronische Systeme angewiesen. Sowohl verschiedene Ansätze, die herkömmlichen Komponenten durch platzsparende Standardformate zu verkleinern, als auch das sogenannte „molecular engineering", die Suche nach weiteren elektronischen Funktionen in der Festkörperphysik, brachten nicht die gewünschten Erfolge.

Die Lösung lieferte schließlich das Konzept der integrierten Halbleiterschaltung, das sich bereits wenige Jahre nach der Erfindung des Transistors abzuzeichnen begann[6]. 1953 gelang es *H. Johnson* von RCA, verschiedene Schaltungselemente auf einem einzigen Germaniumkristall zu vereinigen. Die weitere Entwicklung wurde insbesondere von *Prof. G. W. A. Dummer* von den Royal Radar Establishments in England, *J. S. Kilby* von Texas Instruments sowie *J. Hoerni* und *R. Noyce* von Fairchild in den USA vorangetrieben. Durch die sogenannte „Planartechnik", die Anordnung der einzelnen Transistorelemente in einer Ebene (meist auf der Oberfläche eines Silizium-Kristallplättchens), war ab 1958/59 die grundlegende Voraussetzung für die Massenfertigung von Transistoren und integrierten Halbleiterschaltungen geschaffen. Die ersten integrierten Schaltungen wurden in den frühen sechziger Jahren mit hohem Kostenaufwand produziert. In dieser Zeit spielten Rüstungsaufträge eine nicht zu unterschätzende Rolle für die Weiterentwicklung der Mikroelektronik. Die Regierung der USA bzw. das Militär war bereit, den Lernprozeß in der Halbleiterindustrie durch den Ankauf der noch unausgereiften und teuren neuen Produkte großzügig zu unterstützen[7].

Gestützt auf die mit der Planartechnik seit 1959 gemachten Erfahrungen sah *G. E. Moore*, der damalige Leiter der Forschung von Fairchild, bereits 1964 die rasante Entwicklung der Mikroelektronik voraus. Nach dem sogenannten „*Moore'schen Gesetz*" sollte sich die Integrationsdichte (Zahl der Elemente je Schaltung) pro Jahr etwa verdoppeln. Die tatsächliche Entwicklung gab *G. E. Moore* bisher im wesentlichen recht. Erst für die achtziger Jahre wird ein langsameres Wachstum der Integrationsdichte mikroelektronischer Schaltungen erwartet.

In den sechziger Jahren kam das Zusammenwirken von Computerindustrie und Halbleiterindustrie in den USA wirtschaftlich erst so richtig zum Tragen. Auf der einen Seite konnte die Halbleiterindustrie auf Grund der wachsenden Produktionserfahrungen mit steigender Integrationsdichte immer billigere Bauelemente liefern. Auf der anderen Seite bildete die Computerindustrie — ständig auf der Suche nach billigeren Schaltern — einen äußerst aufnahmefähigen Markt für Halbleiterbauelemente. Von dieser Symbiose profitierten beide Industriezweige. Das Preis-/Leistungsverhältnis[8]) von Computern verbesserte sich seit 1960 um durchschnittlich ca. 25% pro Jahr. In der US-Halbleiterindustrie sanken die Herstellkosten pro Schaltungseinheit[9]) mit jeder Verdopplung des kumulativen Produktionsvolumens im gleichen Zeitraum um durchschnittlich 28%. Dieser Wert liegt zwar nicht außerhalb der in der Industrie für neue Produkte als üblich angesehenen Werte von 20% bis 30%, doch kam es infolge des rapiden Wachstums der Halbleiterproduktion zu sehr raschen Kosten- bzw. Preissenkungen. Die Preise von Halbleiterbauelementen und die Rechenkosten entwickelten sich in auffallender Übereinstimmung. Die enge Verbindung zwischen Halbleiter- und Computerindustrie war auch für den ausgeprägten Trend zugunsten der Digitalisierung der Mikroelektronik ausschlaggebend.

Mit fortschreitender Miniaturisierung bzw. Integrationsdichte stieg im Laufe der sechziger Jahre jedoch die Spezialisierung der integrierten Schaltungen und damit auch deren Kosten[10]). Ein Ausweg aus dieser Sackgasse wurde zwischen 1969 und 1971 von *M. E. Hoff jr.* bei der Firma Intel mit dem sogenannten „Mikroprozessor" gefunden. Da es möglich geworden war, rund 1.000 Bauelemente monolithisch auf einem Silizium-Halbleiterplättchen zu vereinigen, konnte Intel auch daran denken, das „Hirn" eines Computers, sein zentrales Rechen- und Steuerwerk (CPU), auf diese Weise herzustellen. In Verbindung mit ebenfalls monolithisch integrierten Programm- und Datenspeichern sowie entsprechenden Ein- und Ausgabebausteinen entsteht daraus ein Mikrocomputer, dessen Funktionsprinzip dem großer programmierbarer Digitalrechner gleicht. Da im Mikroprozessor festverdrahtete Logik durch programmierbare Logik ersetzt wird, erhöht sich das Anwendungsspektrum bestimmter Halbleitersysteme außerordentlich[11]).

Der erste Mikroprozessor wurde von Intel im Jahre 1971 auf den Markt gebracht. Bereits 1973 erschien Intel's zweite Generation von Mikroprozessoren, die zwanzigmal schneller arbeitete als die vorherige. Vergleichbare Konkurrenzprodukte wurden 1974 von Motorola und 1975 von Texas Instruments, General Instrument und anderen US-Halbleiterfirmen angeboten.

In weiterer Folge zeichneten sich Trends einerseits zum Ausbau von Standard-Mikroprozessorfamilien (mit 8-bit- und 16-bit-Wortbreite) und andererseits zur Herstellung von Ein-Chip-Rechnern mit integriertem Programmspeicher und anwendungsspezifischen Eigenschaften ab. Der Mikroprozessor bzw. Mikrocomputer gilt als jene praktisch letzte Entwicklungsstufe der integrierten Halbleiterschaltung, welche die künftige Entwicklung der Mikroelektronik bestimmen wird. Mit steigender Integrationsdichte von bis zu 10 Millionen Transistorfunktionen pro Chip beginnt sich die Annäherung an die Prinzipien von biologischen Informationssystemen abzuzeichnen. Auf diesem Weg müssen jedoch noch viele Probleme sowohl der Software-Technologie als auch der Verbindung des Mikrocomputers mit seiner Umwelt (Sensorik, Aktorik) gelöst werden.


## Anmerkungen


[1]) Mikroelektronik ist ein Sammelbegriff für miniaturisierte und integrierte Halbleiterschaltungen.

[2]) Die Halbleiterforschung reicht bis zur Entdeckung des Sperrschichteneffektes durch den Leipziger Gymnasiallehrer *F. Braun* im Jahr 1874 zurück. Der amerikanische Physiker *E. H. Hall* entdeckte 1879 die „Elektronen" als von einem Magnetfeld beeinflußbare Träger negativer Ladung („Hall-Effekt"). 1884 stellte *Th. A. Edison* fest, daß sich in einem luftleeren Raum gezielte elektronische Impulse verbreiten lassen, die empfangen und weiterverarbeitet werden können. Das Prinzip der Steuerung von Elektronen wurde 1906 von dem amerikanischen Radiotechniker *L. de Forest* und dem österreichischen Physiker *R. v. Lieben* geklärt. Mit den genannten Entdeckungen wurde die Grundlage für die Entwicklung elektronischer Schaltungen geschaffen.

[3]) Siehe z. B. *R. N. Noyce:* Microelectronics and its Impact on Society, Electronic Engineering, März 1979, S. 23ff.

[4]) Siehe *E. Braun:* From Transistor to Microprocessor, in *T. Forester* (Hrsg.): The Microelectronics Revolution, Oxford 1980, S. 72ff.

[5]) Nach *Braun* (1980) stieg in den USA die Zahl der Unternehmen, die Transistoren erzeugten, von 4 im Jahr 1951 auf 26 im Jahr 1956. Im Jahr 1957 hatten die „Newcomers", d. h. Firmen ohne Erfahrung in der Erzeugung von Elektronenröhren, bereits 64% des gesamten Halbleitermarktes der USA erobert.

[6]) Bereits 1949 wurde *W. Jakobi* in der BRD ein Patent für einen Halbleiterverstärker mit planarer Einkristallstruktur für eine Hörhilfe erteilt.

[7]) 1960 entfielen rund 50% des Halbleitermarktes in den USA auf den militärischen Sektor. Dieser Anteil verringerte sich auf 24% im Jahr 1972.

[8]) Gemessen an den Kosten für 1 Million Instruktionen pro Sekunde (MIPS) bei Hochleistungs-Universalrechnern.

[9]) Gerechnet zu konstanten Preisen.

[10]) So mußte z. B. Fairchild pro Woche ca. 500 verschiedene Logikbausteine erzeugen, um den Ansprüchen der Kunden gerecht zu werden. Texas Instruments hatte in dieser Zeit ein großes Projekt laufen, das die Erzeugung von Logikbausteinen mittels rechnerunterstützten Designs flexibler gestalten sollte.

[11]) Die Entwicklung des Mikroprozessors stellt einen der typischen Fälle für das Innovationspotential eines kleinen Unternehmens dar. Die knappen Ressourcen zwangen Intel zu einer völlig revolutionären Lösung. Die großen Firmen hätten die an Intel gestellte Aufgabe mit den ihnen zur Verfügung stehenden herkömmlichen Mitteln lösen können.

# 2. Die internationale Halbleiterindustrie: Ein Überblick auf Märkte und Hersteller

Im Jahr 1978 wurden in der westlichen Welt elektronische Geräte im Wert von rund 3.000 Mrd. S erzeugt. Die Marktforschungsabteilungen der großen Elektronikkonzerne rechnen damit, daß die Umsätze auf dem Elektronik-Gerätemarkt bis zum Jahr 1985 mit durchschnittlich 8% pro Jahr (nominell) wachsen werden. Der entsprechende Markt für Bauelemente machte 1978 mit rund 265 Mrd. S nicht ganz 9% des Wertes der Elektronik-Geräteproduktion aus. Die Zunahme der Nachfrage nach Bauelementen wird bis 1985 wertmäßig voraussichtlich etwas hinter dem Wachstum der Elektronikgeräteproduktion zurückbleiben. Diese Entwicklung gilt jedoch nicht für die Nachfrage nach (monolithisch) integrierten Halbleiterschaltungen. In diesem Bereich erwartet die Elektronikindustrie ein durchschnittliches jährliches Marktwachstum von ca. 15% (nominell) bis 1985. Damit könnte der Markt für integrierte Schaltungen bis 1985 auf rund 3,5% des Wertes der Elektronik-Geräteproduktion anwachsen (1978 2,3%) und einen Umfang von rund 180 Mrd. S (1978 70 Mrd. S) erreichen. Der Anteil der monolithisch integrierten Halbleiterschaltungen am Bauelemente-Markt stieg dementsprechend von 26% im Jahr 1978 auf 41% im Jahr 1985.

Mit den genannten Ziffern sollte zunächst ein erster Eindruck von der Größenordnung der wirtschaftlichen Bedeutung der Mikroelektronik auf internationaler Ebene vermittelt werden. Im folgenden werden die regionale und funktionale Zusammensetzung der Märkte sowie die Anwendungsintensität der Mikroelektronik dargestellt. Weiters werden die wichtigsten Herstellerfirmen hinsichtlich ihrer Umsätze auf dem Bauelementesektor beschrieben.

## 2.1 Internationale Marktübersicht für Elektronik-Geräte und Bauelemente

Die führende Position der Halbleiterindustrie der USA geht nicht zuletzt auf die Absatzmöglichkeiten in der Elektronik-Geräteproduktion des eigenen Landes zurück. Auf die USA entfielen 1978 43% der Elektronik-Geräteproduktion der westlichen Welt — ein Anteil, der deutlich über dem entsprechenden Anteil der USA hinsichtlich des Brutto-Sozialproduktes (32%) liegt. Auf Westeuropa und Japan entfielen 1978 33% bzw. 17% der Elektronikgeräteproduktion der westlichen Welt.

Aber nicht nur das Niveau, sondern auch die Struktur der Elektronik-Geräteproduktion begünstigen die Entwicklung der Mikroelektronik in den USA.

Im Abschnitt 1 dieser Studie wurde bereits auf die Symbiose von Computer- und Halbleiterindustrie hingewiesen. Die Sparte Datentechnik macht in den USA 28% der Elektronikgeräteproduktion aus, in Japan 20% und in Westeuropa 16%. Die starke Stellung der USA auf dem Gebiet der Datentechnik (57% der Produktion der westlichen Welt) und der Nachrichtentechnik (47% der Produktion der westlichen Welt) sichert der US-Halbleiterindustrie einen entsprechenden Absatz von Bauelementen, insbesondere von integrierten Schaltungen. Diese Situation wird sich voraussichtlich bis 1985 nicht grundlegend ändern, obwohl Japan und Westeuropa in der Elektronik-Geräteproduktion Marktanteile gewinnen werden (siehe Übersicht 2.1).

Die regionale Aufgliederung des Bauelementemarktes der westlichen Welt (siehe Übersicht 2.2) zeigt ebenfalls die USA mit einem Anteil von 37% in Front vor Westeuropa (29%) und Japan (23%). Bemerkenswert ist hiebei der hohe Bauelementebedarf der japanischen Elektronik-Geräteproduktion, der vor allem durch den großen Anteil der Unterhaltungselektronik hervorgerufen wird.

Das eigentliche Interesse der Untersuchung gilt jedoch der Struktur des Marktes für (monolithisch) integrierte Halbleiterschaltungen. Dieser Markt erreichte 1978 in der westlichen Welt einen Umfang von 70 Mrd. S; für 1979 wird der Markt auf ca. 84 Mrd. S geschätzt. Davon entfielen 45% auf die USA, 25% auf Japan und 24% auf Westeuropa. Bis 1985 wird voraussichtlich der Anteil der USA vor allem zugunsten Japans auf ca. 41% sinken. Der

Übersicht 2.1

**Elektronik-Geräteproduktion 1978 und 1985**
(zu laufenden Preisen)

| | BRD | | Westeuropa | | USA | | Japan | | Westliche Welt[1] | |
|---|---|---|---|---|---|---|---|---|---|---|
| | 1978 | 1985 | 1978 | 1985 | 1978 | 1985 | 1978 | 1985 | 1978 | 1985 |
| | | | | | in Mrd. S | | | | | |
| Datentechnik | 53,9 | 119,0 | 154,0 | 347,9 | 350,0 | 581,0 | 98,0 | 248,5 | 609,0 | 1.219,4 |
| Nachrichtentechnik | 53,9 | 98,0 | 238,0 | 416,5 | 287,0 | 434,0 | 59,5 | 112,0 | 606,9 | 1.039,5 |
| Meß-, Steuer- und Regeltechnik | 55,3 | 91,0 | 123,2 | 210,0 | 224,0 | 334,6 | 34,3 | 58,8 | 388,5 | 624,4 |
| Energietechnik | 18,2 | 25,2 | 46,2 | 70,0 | 51,8 | 77,0 | 22,4 | 35,0 | 135,8 | 206,5 |
| Unterhaltungselektronik | 55,3 | 63,0 | 144,2 | 231,0 | 84,0 | 98,0 | 113,4 | 203,0 | 442,4 | 721,0 |
| Haushaltselektronik | 68,6 | 84,0 | 168,0 | 280,0 | 156,8 | 196,0 | 77,0 | 105,0 | 434,0 | 630,7 |
| Autoelektronik | 27,3 | 32,9 | 68,6 | 119,0 | 63,0 | 98,0 | 46,2 | 70,0 | 182,0 | 301,0 |
| Freizeitelektronik | 8,4 | 11,9 | 22,4 | 42,0 | 44,8 | 77,0 | 61,6 | 115,5 | 149,8 | 287,0 |
| Summe | 340,9 | 525,0 | 964,6 | 1.716,4 | 1.261,4 | 1.895,6 | 512,4 | 947,8 | 2.948,4 | 5.029,5 |
| *Anteile regionaler Märkte in %* | *11,6* | *10,4* | *32,7* | *34,1* | *42,8* | *37,7* | *17,4* | *18,8* | *100,0* | *100,0* |

Q: Electronics International, Mackintosh Consultants, Siemens-Marktforschung. — [1]) Welt ohne RGW-Länder und ohne Volksrepublik China.

### Markt für elektronische Bauelemente 1978 und 1985
### (Zu laufenden Preisen)

| | BRD | | Westeuropa | | USA | | Japan | | Westliche Welt[1]) | |
|---|---|---|---|---|---|---|---|---|---|---|
| | 1978 | 1985 | 1978 | 1985 | 1978 | 1985 | 1978 | 1985 | 1978 | 1985 |
| | | | | | in Mrd. S | | | | | |
| Datentechnik | 2,457 | 5,215 | 8,680 | 17,920 | 23,800 | 44,751 | 7,735 | 20,279 | 40,859 | 86,296 |
| Nachrichtentechnik | 5,754 | 9,240 | 20,650 | 32,459 | 29,967 | 44,072 | 9,597 | 16,982 | 65,275 | 104,440 |
| Meß-, Steuer- und Regeltechnik | 4,249 | 6,692 | 9,793 | 16,387 | 12,789 | 16,331 | 4,620 | 9,037 | 28,875 | 45,409 |
| Energietechnik | 1,484 | 2,044 | 3,927 | 5,747 | 4,977 | 8,036 | 2,226 | 3,248 | 11,620 | 18,305 |
| Unterhaltungselektronik | 9,856 | 13,482 | 26,712 | 37,737 | 13,902 | 17,178 | 26,950 | 36,036 | 87,115 | 121,240 |
| Haushaltselektronik | 0,928 | 1,316 | 2,611 | 4,018 | 3,612 | 5,306 | 2,660 | 5,215 | 9,583 | 15,596 |
| Autoelektronik | 0,613 | 1,162 | 1,526 | 3,136 | 3,605 | 9,205 | 0,973 | 2,149 | 6,237 | 15,533 |
| Freizeitelektronik | 0,336 | 1,099 | 1,120 | 3,311 | 3,493 | 7,231 | 6,314 | 12,264 | 13,615 | 27,531 |
| Summe | 25,677 | 40,250 | 75,019 | 120,715 | 96,145 | 152,110 | 61,075 | 105,210 | 263,179 | 434,350 |
| *Anteile regionaler Märkte in %* | *9,8* | *9,3* | *28,5* | *27,8* | *36,5* | *35,0* | *23,2* | *24,2* | *100,0* | *100,0* |

Q: Electronics International, Mackintosh Consultants, Siemens-Marktforschung. — [1]) Welt ohne RGW-Länder und ohne Volksrepublik China.

Anteil Westeuropas wird nach Meinung der Marktforscher hingegen nur geringfügig zunehmen (siehe Übersicht 2.3).

In der funktionalen Gliederung des Marktes für integrierte Halbleiterschaltungen ist die herausragende Bedeutung des Sektors Datentechnik für die



### Markt für monolithische integrierte Schaltungen 1978 und 1985
### Gliederung nach Verwendungsbereichen
### (Zu laufenden Preisen)

| | BRD | | Westeuropa | | USA | | Japan | | Westliche Welt[1]) | |
|---|---|---|---|---|---|---|---|---|---|---|
| | 1978 | 1985 | 1978 | 1985 | 1978 | 1985 | 1978 | 1985 | 1978 | 1985 |
| | | | | | in Mrd. S | | | | | |
| Datentechnik | 1,330 | 3,542 | 4,970 | 12,698 | 12,600 | 30,730 | 5,250 | 16,562 | 23,030 | 62,328 |
| Nachrichtentechnik | 1,085 | 3,080 | 3,010 | 9,044 | 7,000 | 16,632 | 2,520 | 6,153 | 13,020 | 34,727 |
| Meß-, Steuer- und Regeltechnik | 1,085 | 2,618 | 2,310 | 6,027 | 4,025 | 5,425 | 1,400 | 4,256 | 8,015 | 16,919 |
| Energietechnik | 0,070 | 0,308 | 0,210 | 0,861 | 0,525 | 2,170 | 0,140 | 0,707 | 0,980 | 3,563 |
| Unterhaltungselektronik | 2,100 | 4,466 | 4,550 | 10,332 | 2,100 | 4,340 | 4,340 | 8,995 | 13,475 | 30,275 |
| Haushaltselektronik | 0,084 | 0,231 | 0,280 | 0,861 | 1,050 | 2,170 | 0,560 | 2,366 | 2,065 | 5,341 |
| Autoelektronik | 0,098 | 0,462 | 0,245 | 1,295 | 1,750 | 6,146 | 0,140 | 0,707 | 2,170 | 8,904 |
| Freizeitelektronik | 0,168 | 0,693 | 0,525 | 1,932 | 1,750 | 4,697 | 2,800 | 7,574 | 5,845 | 16,023 |
| Summe | 15,400 | 16,100 | 43,050 | 30,800 | 72,310 | 17,150 | 47,320 | 68,600 | 178,080 | |
| *Anteile regionaler Märkte in %* | *8,8* | *8,6* | *23,5* | *24,2* | *44,9* | *40,6* | *25,0* | *26,6* | *100,0* | *100,0* |

Q: Electronics International, Mackintosh Consultants, Siemens-Marktforschung. — [1]) Welt ohne RGW-Länder und ohne Volksrepublik China.

Mikroelektronik klar ersichtlich: 1978 entfiel auf die Datentechnik ein Drittel, auf die Bereiche Nachrichtentechnik und Unterhaltungselektronik je ein schwaches Fünftel des Umsatzes von integrierten Schaltungen. Diese Struktur wird sich bis 1985 auch kaum ändern.

Die Wachstumsaussichten für integrierte Schaltungen liegen deutlich über jenen für elektronische Bauelemente im allgemeinen. Die Marktprognosen für integrierte Schaltungen ergeben für die Periode 1978 bis 1985 ein durchschnittliches jährliches Wachstum von 15% (nominell). Für die übrigen Bauelementegruppen werden wesentlich geringere Zuwachsraten erwartet, z. B. Röhren (ohne Bildröhren) 3%, diskrete Halbleiter 4%, passive Bauelemente 5%.

Aber auch im Bereich der integrierten Schaltungen rechnet die Halbleiterindustrie mit einer deutlichen Differenzierung des Wachstums zwischen den verschiedenen Produktgruppen. Bei Mikroprozessoren wird bis 1985 ein durchschnittliches jährliches Umsatzwachstum in der Größenordnung von 35% erwartet. Für MOS-Speicherbausteine wird ein Umsatzwachstum von durchschnittlich 17% p. a. prognostiziert, für MOS-Logik von rund 14% p. a. Geringere Wachstumschancen werden dem Markt für digitale bipolare Logik- und Speicherbausteine zugebilligt. Die Prognosen bewegen sich im Bereich von 9% bzw. 12% durchschnittlichen jährlichen Wachstums bis 1985 (siehe Übersicht 2.4).

Ein besonders rasches Wachstum der Nachfrage nach integrierten Schaltungen wird in den Bereichen Autoelektronik (1978 bis 1985 +22% p. a.) und Energietechnik (1978 bis 1985 +20% p. a.) erwartet. Beide Bereiche zusam-

Übersicht 2.4

**Markt für integrierte Schaltungen 1978 und 1985
Gliederung nach Produktgruppen**
(Zu laufenden Preisen)

| | BRD | | Westeuropa | | USA | | Japan | | Westliche Welt[1] | |
|---|---|---|---|---|---|---|---|---|---|---|
| | 1978 | 1985 | 1978 | 1985 | 1978 | 1985 | 1978 | 1985 | 1978 | 1981 |
| | | | | | in Mrd. S | | | | | |
| Digitale bipolare Logik | 0,826 | 1,680 | 3,045 | 5,670 | 8,470 | 13,860 | 2,660 | 5,775 | 14,735 | 27,090 |
| Digitale bipolare Speicher | 0,140 | 0,364 | 0,630 | 1,505 | 2,520 | 5,110 | 0,560 | 1,435 | 3,780 | 8,260 |
| MOS-Speicher | 0,735 | 3,059 | 2,310 | 8,897 | 8,400 | 21,175 | 3,150 | 10,220 | 14,000 | 42,056 |
| MOS-Logik | 1,876 | 3,920 | 3,913 | 9,590 | 5,320 | 12,040 | 4,550 | 11,130 | 15,995 | 39,480 |
| Mikroprozessoren (MOS und bipolar) | 0,259 | 2,695 | 0,777 | 7,560 | 1,680 | 10,640 | 0,840 | 7,700 | 3,325 | 26,950 |
| Analoge integrierte Schaltungen | 2,030 | 3,815 | 5,145 | 10,745 | 5,950 | 14,000 | 5,460 | 12,110 | 17,885 | 40,600 |

Q: Electronics International, Mackintosh Consultants, Siemens-Marktforschung. — [1]) Welt ohne RGW-Länder und ohne Volksrepublik China.

**Markt für integrierte Schaltungen 1978**
(Nach Ländern)

|  | Zu laufenden Preisen in Mill. S |
|---|---:|
| Bundesrepublik Deutschland | 6.020 |
| Frankreich | 2.450 |
| Italien | 1.610 |
| Niederlande | 420 |
| Belgien-Luxemburg | 350 |
| Dänemark | 238 |
| Großbritannien | 2.884 |
| Irland | 21 |
| Summe EG-Länder | 13.993 |
| Norwegen | 175 |
| Österreich | 280 |
| Portugal | 21 |
| Schweden | 644 |
| Schweiz | 490 |
| Summe EFTA-Länder | 1.610 |
| Finnland | 140 |
| Griechenland | 14 |
| Spanien | 364 |
| Türkei | 35 |
| Summe Westeuropa | 16.156 |

Q: Electronics International, Mackintosh Consultants, Siemens-Marktforschung.

men machen heute allerdings erst 5% der gesamten Nachfrage aus (1985 7%). Unterdurchschnittliche Zuwachsraten werden für die Bereiche Unterhaltungselektronik (+12% p. a.) und Meß-Steuer-Regeltechnik (+11% p. a.) prognostiziert. Japan bildet jedoch auf dem Gebiet der Meß-, Steuer- und Regeltechnik mit einer Zuwachsrate von 17% p. a. eine bemerkenswerte Ausnahme. Der überdurchschnittlich wachsende Bedarf an integrierten Schaltungen in diesem Bereich geht auf die Automatisierungsbemühungen der japanischen Industrie zurück.

Innerhalb Westeuropas entfielen 1978 rund 80% des Marktes für integrierte Schaltungen auf die vier großen Industrieländer BRD, Großbritannien, Frankreich und Italien (siehe Übersicht 2.5).

## 2.2 Internationaler Vergleich der Mikroelektronik-Anwendungsintensität

Aus den regional und funktional gegliederten Daten über die Elektronik-Geräteproduktion und die Bauelementemärkte läßt sich ein ungefähres Bild über das unterschiedliche Ausmaß der Anwendung der Mikroelektronik im internationalen Vergleich gewinnen. Auf Grund der Relation „Markt für integrierte Schaltungen zu Elektronik-Geräteproduktion" nimmt Japan vor den USA und Westeuropa die führende Stellung in der Anwendung der Mikroelektronik ein. Die Einsatzdichte von integrierten Schaltungen ist in der japanischen Elektronik-Geräteindustrie doppelt so hoch wie in Westeuropa und um ca. ein Drittel höher als in den USA. Der Vorsprung der japanischen Geräteindustrie in der Verwendung integrierter Schaltungen gegenüber Westeuropa zeigt sich insbesondere in den Bereichen Datentechnik, Nachrichten-

*Übersicht 2.6*

**Bedeutung der Mikroelektronik in der Elektronik-Geräteproduktion**

| | Markt für integrierte Schaltungen in % der Elektronik-Geräteproduktion 1978 | | |
|---|---|---|---|
| | Japan | USA[1]) | Westeuropa |
| Datentechnik | 5,4 | 3,6 | 3,2 |
| Nachrichtentechnik | 4,2 | 2,4 | 1,3 |
| Meß-, Steuer- und Regeltechnik | 4,1 | 1,8 | 1,9 |
| Energietechnik | 0,6 | 1,0 | 0,5 |
| Unterhaltungselektronik | 3,8 | 2,5 | 3,2 |
| Haushaltselektronik | 0,7 | 0,7 | 0,2 |
| Autoelektronik | 0,3 | 2,8 | 0,4 |
| Freizeitelektronik | 4,5 | 3,9 | 2,3 |
| Summe | 3,3 | 2,4 | 1,7 |

Q: Electronics International, Mackintosh Consultants, Siemens-Marktforschung. — [1]) Ohne Berücksichtigung der Erzeugung von integrierten Schaltungen durch die Firma IBM.

*Übersicht 2.7*

**Vergleich der Bedeutung der Mikroelektronik in der Elektronik-Geräteproduktion in Westeuropa 1978**

| | Markt für integrierte Schaltungen in % der Elektronik-Geräteproduktion |
|---|---|
| Italien | 2,9 |
| Großbritannien | 2,5 |
| Bundesrepublik Deutschland | 2,5 |
| Dänemark | 2,5 |
| Spanien | 2,4 |
| Norwegen | 2,3 |
| Schweden | 2,3 |
| Schweiz | 2,3 |
| Österreich | 1,9 |
| Finnland | 1,9 |
| Frankreich | 1,7 |
| Niederlande | 1,0 |
| Belgien-Luxemburg | 1,0 |

Q: Mackintosh Yearbook, Siemens-Marktforschung.

technik sowie Meß-, Steuer- und Regeltechnik. Die USA führen hingegen in der Verwendung von integrierten Schaltungen im Bereich der Energietechnik und der Autoelektronik (siehe Übersicht 2.6).

In Westeuropa liegen Italien (Taschenrechnerproduktion!), Großbritannien, die BRD und Dänemark hinsichtlich der Anwendungsintensität von integrierten Schaltungen an der Spitze, gefolgt von Spanien (TV-Geräteproduktion!), Norwegen, der Schweiz und Schweden. Österreich liegt gemeinsam mit Finnland und Frankreich im unteren Mittelfeld der erfaßten Länder. Die niedrigsten Werte ergeben sich für die Benelux-Staaten (siehe Übersicht 2.7). Die ausgewiesene Reihung sollte allerdings nicht überbewertet werden, da sie wie oben angedeutet durch nationale Besonderheiten in der Zusammensetzung der Elektronik-Geräteproduktion beeinflußt wird. Aussagekräftigere Vergleiche für homogene Produktgruppen konnten mangels entsprechender Daten im Rahmen der Untersuchung bisher nicht durchgeführt werden.


## 2.3  Produktion und Herstellerfirmen

Das Schwergewicht der Produktion von integrierten Schaltungen liegt eindeutig bei den Herstellern in den USA, die einen Weltmarktanteil von 65% besitzen. Auf japanische Hersteller entfallen 24% und auf westeuropäische Hersteller 10% der Produktion von integrierten Schaltungen in der westlichen Welt. Bei der Aufteilung nach Eigentumsverhältnissen ergeben sich fol-

*Übersicht 2.8*

**Weltmarktanteile 1979 der 15 größten Hersteller von integrierten Schaltungen[1])**

|  | Anteile in % |
|---|---|
| Texas Instruments | 13 |
| NSC | 7 |
| Motorola | 7 |
| Philips (einschließlich Signetics) | 7 |
| NEC | 7 |
| Intel | 6 |
| Hitachi | 5 |
| Fairchild | 5 |
| Toshiba | 4 |
| Siemens | 3 |
| Mostek | 3 |
| AMD | 3 |
| Fujitsu | 3 |
| RCA | 2 |
| Mitsubishi | 2 |

Q: Electronics International, Mackintosh Consultants, Siemens-Marktforschung. — [1]) Ohne IBM.

**Marktanteile der Hersteller von integrierten Schaltungen auf dem westeuropäischen Markt**

| | Stammhaus | Marktanteil 1978 in % |
|---|---|---|
| Philips (einschließlich Signetics) | NL | 16,9 |
| Texas Instruments | USA | 14,9 |
| Siemens | D | 10,8 |
| Motorola | USA | 7,5 |
| Intel | USA | 6,1 |
| National Semiconductor | USA | 4,9 |
| ITT (einschließlich Intermet.) | USA | 4,4 |
| SGS-Ates | I | 3,7 |
| Fairchild | USA | 3,6 |
| AEG-Telefunken | D | 2,4 |
| RCA | USA | 2,2 |
| Thomson-CSF (einschließlich Sescosem, Silec) | F | 1,9 |
| Plessey | GB | 1,8 |
| General Instrument | USA | 1,6 |

Q: Electronics International, Mackintosh Consultants, Siemens-Marktforschung.

gende Werte: USA 75%, Japan 15%, Westeuropa 10%. Die US-Hersteller beherrschen den amerikanischen Markt zu 90%, die japanischen Hersteller den japanischen Markt zu 80%. Hingegen beliefert die westeuropäische Halbleiterindustrie den westeuropäischen Markt nur zu rund 30%. Unter den Herstellern von integrierten Schaltungen, die auch für den Markt produzieren[1]), ragt Texas Instruments mit einem Weltmarktanteil von 13% heraus. Zu den 15 größten Herstellerfirmen zählen mit Philips und Siemens auch große europäische Elektronikkonzerne. Philips hält unter Einbeziehung der US-Tochterfirma Signetics einen Weltmarktanteil von rund 7%. Auf Siemens entfielen 1979 rund 3% der Produktion von integrierten Schaltungen in der westlichen Welt (siehe Übersicht 2.8).

Auf dem westeuropäischen Markt für integrierte Schaltungen haben bisher neben Philips und Siemens vor allem die großen Halbleiterfirmen aus den USA, wie Texas Instruments, Motorola, Intel, National Semiconductor und Fairchild, Fuß gefaßt. Die übrigen westeuropäischen Hersteller mit Ausnahme von SGS-Ates (Italien) hatten 1978 deutlich geringere Marktanteile (siehe Übersicht 2.9).

Von den zwanzig größten Bauelementeherstellern der Welt haben sich bisher nur amerikanische Firmen (Texas Instruments, Motorola, Fairchild, National Semiconductor, Intel) ausschließlich auf die Produktion von diskreten und integrierten Halbleiterbauelementen spezialisiert. Intel erzeugt überhaupt nur integrierte Schaltungen, vor allem Mikroprozessoren. Die großen westeuropäischen und japanischen Bauelementehersteller stützen sich hingegen meist auf ein breites Produktionsspektrum, wie z. B. auch RCA und General Electric in den USA. Bei diesen Firmen machen integrierte Schaltungen typischerweise nur etwa 10% bis 25% des gesamten Bauelementeumsatzes aus.


## Anmerkung

[1]) IBM produziert integrierte Schaltungen nur für den eigenen Bedarf.

# 3. Technisch-mikroökonomische Aspekte des Einsatzes von Mikroelektronik

### 3.1  Moderne Halbleiterbauelemente für die Elektronik

Zur Entwicklung verbesserter oder grundlegend neuer elektronischer Geräte kann der Hersteller in der Geräteindustrie grundsätzlich auf folgende drei Gruppen von elektronischen Bauelementen zurückgreifen:
— Mikroelektronik,
— Optoelektronik,
— Sensoren.

Unter mikroelektronischen Bauelementen im eigentlichen Sinn sind miniaturisierte und monolithisch integrierte Halbleiterschaltungen zu verstehen. Diese werden in einer Vielzahl von verschiedenen Spielarten der Siliziumplanartechnik hergestellt[1]). Man unterscheidet bipolare und unipolare bzw. MOS-Techniken. In der bipolaren Technik sind an den Verstärkungs- bzw. Schaltungsvorgängen, wie der Name sagt, Ladungsträger beider Polaritäten (Elektronen und Löcher) beteiligt. Hingegen arbeitet die MOS-Technik nach dem Prinzip des Feldeffekttransistors nur mit Ladungsträgern einer Sorte (Elektronen oder Löcher). Die Vorteile der MOS-Technik (hohe Integrationsdichte, geringe Verlustleistung, einfacherer Fertigungsprozeß, niedrigere Herstellkosten) haben dazu geführt, daß ein Großteil der integrierten Schaltungen heute in MOS-Techniken hergestellt wird. Die Nachteile (mäßige Schaltgeschwindigkeit, geringe Ausgangsleistung, nicht für analoge Funktionen geeignet) sichern jedoch der Bipolartechnik weiterhin wichtige Einsatzgebiete (z. B. schnelle und schnellste Logik im Bereich der Datentechnik, gemischt linear-digitale Schaltungen).

Mikroelektronische Bauelemente wären ohne entsprechende Eingangs- und Ausgangssysteme wirkungslos. Daher muß die Mikroelektronik, z. B. der Mikroprozessor bzw. Mikrocomputer, als zentrale Informationsverarbeitungskomponente über die Sensorik und die Aktorik mit der Umwelt verbunden werden. Zusätzlich werden Stromversorgungssysteme und Datenübertragungssysteme benötigt. Im Gegensatz zur eigentlichen Mikroelektronik stellen die peripheren Bauelemente zur Zeit noch eine Domäne der diskreten Halbleitertechnik dar. Aber auch im Bereich der Mikroelektronikperipherie zeichnet sich ein Vordringen integrierter Lösungen ab.

Optoelektronische Halbleiterbauelemente treten vor allem bei der Anzeige von Informationen (Displays), bei deren Übertragung (Halbleiterstrahler und

-empfänger) sowie in den Stromversorgungssystemen (Optokoppler zur Potentialtrennung) in Erscheinung.

Sensoren haben die Aufgabe, verschiedene physikalische Größen (z. B. Druck, Schwingungen, Temperatur, Magnetfelder, chemische Zustände) in mikroelektronikgerechte Signale umzuwandeln.

Durch den Einsatz von Mikroelektronik und den entsprechenden peripheren Bauelementen lassen sich aus technischer Sicht folgende Vorteile realisieren: Wesentlich höhere Arbeitsgeschwindigkeit bei geringerem Energiebedarf (im Vergleich zu mechanischen und elektromechanischen Systemen); Reduzierung des Bauvolumens, des Gewichtes und des Betriebsgeräusches; höhere Zuverlässigkeit und Lebensdauer (geringere Anforderung an das Service); Erhöhung des Bedienungskomforts und der Bedienungssicherheit; Flexibilität in der Gerätediversifizierung.

## 3.2 Gerätehersteller und Mikroelektronik

Für die Wechselbeziehung zwischen dem Gerätehersteller und der Halbleiterindustrie ist die Unterscheidung von drei grundsätzlich verschiedenen mikroelektronischen Schaltkreistypen bedeutsam:
— Standardschaltkreise,
— kundenspezifische Schaltkreise,
— Mikroprozessoren.

Die Halbleiterindustrie bietet Systeme von Standardschaltkreisen an, die sich derzeit noch überwiegend aus Bausteinen kleinen und mittleren Integrationsgrads zusammensetzen. Der Gerätehersteller kauft solche Standardbausteine gleichsam „von der Stange" und setzt sie zu seiner gerätespezifischen Anwendung zusammen. Der Bauelementehersteller kennt in der Regel die Aufgabenstellung des Kunden nicht. Auf diese Weise bleibt das Systemwissen des Geräteherstellers geschützt.

Bei hohem Komplexitätsgrad und großen Gerätestückzahlen erweist sich ein für die jeweilige Aufgabe speziell entwickelter Schaltkreis, ein sogenannter kundenspezifischer Schaltkreis, meist als wirtschaftlicher. In diesem Fall werden Gerätehersteller und Bauelementehersteller in der Regel ein vertragliches Verhältnis eingehen, da das Systemwissen des Geräteherstellers gegenüber dem Hersteller der Halbleiterschaltung völlig offengelegt werden muß. Für eine möglichst sichere Belieferung mit kundenspezifischen Schaltungen empfiehlt sich für den Kunden die Parallelentwicklung mit einem zweiten Bauelementehersteller.

In dem Spannungsfeld zwischen steigendem Integrationsgrad und sinkender Anwendungsbreite bietet die Halbleiterindustrie mit dem Mikroprozessor einen vielversprechenden dritten Lösungsweg an. Da es sich bei den Mikroprozessoren um hochintegrierte Standardschaltungen handelt, die gerätespezifisch programmiert werden, können zumindest grundsätzlich die Kostenvorteile aus der Großserienproduktion auch für kleinere Gerätestückzahlen genützt werden. Allerdings müssen die durch die Verwendung des Mikroprozessors neu hinzukommenden — oft beträchtlichen — Kosten für die Softwareentwicklung berücksichtigt werden.

Zusammenfassend lassen sich für Wirtschaftlichkeit der drei verschiedenen Lösungswege folgende grobe Anhaltspunkte geben: Bei Stückzahlen von bis zu 100 Geräten kommt grundsätzlich sowohl der Einsatz von Standardschaltungen als auch von Mikroprozessoren in Frage. In diesem Bereich werden eher die schnelle Verfügbarkeit und die Berücksichtigung von Änderungswünschen den Ausschlag geben. Im Bereich bis zu einer Stückzahl von 10.000 Geräten ist der Mikroprozessor eindeutig im Vorteil. Bei Stückzahlen von mehr als 100.000 Geräten dominiert eindeutig die kundenspezifische Schaltung. In diesem Bereich sind sogar die Halbleiterhersteller unter bestimmten Voraussetzungen bereit, auf eigenes Risiko ein Spezialprodukt zu entwickeln (branchenspezifischer Schaltkreis). Am schwierigsten ist die Entscheidung zwischen den verschiedenen Lösungswegen bei Stückzahlen von 10.000 bis 50.000 Geräten. In diesem Bereich sind zusätzliche Randbedingungen ausschlaggebend.


### 3.3 Anwendungsbereiche des Mikroprozessors

Falls von den Stückzahlen her überhaupt möglich, ist der Einsatz von Mikroprozessoren bzw. Mikrocomputern unter den folgenden Voraussetzungen überlegenswert:
— hohe Komplexität des Systems,
— Notwendigkeit arithmetischer Operationen,
— wechselnde Eingangsdaten,
— Änderung der Verarbeitung,
— universelle Einsetzbarkeit der Hardware (gleiches Grundgerät für verschiedene Probleme),
— hohe Anforderungen an die Zwischenspeicherfähigkeit des Systems.

Mikroprozessoren werden sowohl in Bipolartechnik als auch in MOS-Technik hergestellt. MOS-Mikroprozessoren sind langsamer, billiger und brauchen im allgemeinen weniger Bausteine. Sie werden daher zweckmäßigerweise für Aufgaben eingesetzt, wo es nicht auf extreme Verarbeitungsgeschwindigkeiten ankommt. Bipolare Mikroprozessoren werden vor allem dann eingesetzt, wenn schnelle Verarbeitung und eine maßgeschneiderte Befehlsstruktur notwendig sind.

Bei rein numerischer Informationsverarbeitung wird man im allgemeinen mit Mikroprozessoren mit einer Wortbreite von 4 bit das Auslangen finden. Analog/digitale oder alphanumerische Informationsverarbeitung setzt in der Regel einen 8-bit-Prozessor voraus. In der allgemeinen Datenverarbeitung ist eine Wortbreite von mindestens 16 bit erforderlich.

Hingegen ist der Einsatz von Mikrocomputern problematisch, wenn eine sehr schnelle, gleichbleibende Informationsverarbeitung erfolgen soll und eine sehr einfache Problemstellung vorliegt.

Im folgenden wird ein Überblick auf konkrete Anwendungsmöglichkeiten von Mikroprozessor- bzw. Mikrocomputersystemen gegeben.

*Konsumelektronik:* Taschen- und Tischrechner, Waschmaschinen, Geschirrspülmaschinen, Mikrowellenherde, Foto- und Filmgeräte, Nähmaschinen, Uhren, Kalender, HiFi-Geräte, TV-Informationssysteme, TV-Spiele, Waagen, Spielautomaten etc.

*Büroelektronik:* Schreibautomaten, rechnende Schreibautomaten, Rechner, kleine Bürocomputer, Bürofernschreiber, Fakturiermaschinen, Kopierautomaten, Faksimilegeräte, Fotosetzmaschinen, rechnerunterstütztes Konstruieren und technisches Zeichnen etc.

*Handel und Dienstleistung:* Registrierkassen, Münzwechsler, Taxameter, Point-of-Sale-Terminals, Bankschalterterminals, Kreditkartenprüfer, Geldausgabeautomaten, rechnende Waagen, Filmentwicklungsmaschinen etc.

*Verkehr:* Kfz-Bordrechner, Einspritzsysteme, Blockierschutz, Diagnose; Verkehrsleitsysteme, Verkehrsregelung, Signalsteuerung, Personen- und Frachtbuchungssysteme, Platzreservierungssysteme, Radargeräte, Bordcomputer in Flugzeugen und Schiffen, Aufzugsteuerung etc.

*Medizin:* Diagnosegeräte, psychologische Testsysteme, Steuerung künstlicher Organe, Laborauswertungen, Patientenüberwachung etc.

*Wissenschaft, Forschung, Umweltschutz:* Programmierbare Tischrechner, Spektralanalyse, Gaschromatographie, Manipulatoren, rechnergestütztes Konstruieren, Umweltschutzbeobachtung („remote sensing") etc.

*Bildung:* Unterrichtscomputer, Audiovisuelle Lehrsysteme, künstliche Sprach-
systeme etc.

*Steuerungs- und Regeltechnik:* Industrieroboter, Werkzeug maschinen, För-
derbandregelung, Fließbandregelung, Pressen, Großwaagen, Dosierauto-
maten, Analyseautomaten, Abdampfanlagen, Massenspektrometer etc.

*Meßtechnik:* Produktionsprozeßkontrolle, Meß-, Prüf- und Überwachungssysteme, Oszillographen, IC-Tester, geodätische Instrumente, Frequenz-
pulsgeneratoren, Frequenzanalysatoren, Dosimetriesysteme etc.

*Datenverarbeitung, Rechnerperipherie:* Intelligente Terminals, Minicomputer,
Plattenspeicher, Bandspeicher, Schnelldrucker, Dateneingabegeräte, Da-
tensichtgeräte, tragbare Datenerfassungsgeräte, Belegleser, Floppy-Disc-
Steuerung, Interfaces und Controllers, automatische Spracheingabe und
-erkennung, Sprachausgabe etc.

*Nachrichten- und Fernmeldetechnik:* Fernschreiber, Funksprechgeräte, Polizei-
funkterminals, Telephonzusatzgeräte, Teilnehmereinrichtungen, Telefon-
vermittlung, Telephon-Kanalkopierer, Fernsprech-Wählautomaten, Ka-
belfernsehen mit Dialogmöglichkeit, Kabelfernsehteilnehmerabrechnung,
Glasfaser-Nachrichtenübertragung, Multiplexer, Kodierer, Dekodierer,
intelligente Repeater etc.


## Anmerkung

[1]) Siehe dazu auch *O. Klein — W. Schenk:* Technologien und Herstellungsmetho-
den von hochintegrierten mikroelektronischen Bausteinen, Teilstudie zum Forschungsprojekt „Anwendungen, Verbreitung und Auswirkungen der Mikroelektronik in Österreich", Österreichisches Institut für Wirtschaftsforschung im Auftrag des Bundesministeriums für Wissenschaft und Forschung, Wien 1980.

# 4. Mikroelektronik in der österreichischen Industrie

## 4.1 Erhebungsmethode

Die Informationen über den Einsatz und die Auswirkungen der Mikroelektronik im Bereich der Industrie wurden im wesentlichen durch die mündliche und schriftliche Befragung von Industriefirmen gewonnen. Dabei wurde zweistufig vorgegangen. Im Rahmen der ersten Befragungsaktion „Mikroelektronik" wurden in der Zeit vom Juli bis September 1979 20 Industriefirmen im Raum Wien und Niederösterreich besucht und interviewt. Mit dieser Befragungsaktion wurden mehrere Zwecke verfolgt. Im einzelnen ging es darum,
1. das Frageprogramm zu testen,
2. „Probleme" zu orten,
3. Daten für spätere Hochschätzungen zu erhalten,
4. Erfahrungen für weitere Interviews und die folgende schriftliche Befragungsaktion zu sammeln.

Wegen dieser mehrfachen Zielsetzung erfolgte die Auswahl der Firmen nicht nach dem Zufallsprinzip. Es wurden vielmehr solche Firmen ausgewählt, von denen auf Grund des Produktions- und Leistungsprogramms erwartet werden konnte, daß sie mit der Frage der Mikroelektronik entweder bereits konfrontiert wurden oder sehr bald konfrontiert werden. Von den 20 befragten Firmen waren daher auch 16 aus dem elektrotechnischen Bereich und 4 aus dem Bereich Maschinen- und Fahrzeugbau.

Die Interviews wurden anhand eines Fragenkatalogs durchgeführt, der wie folgt in vier Abschnitte gegliedert war:
1. Angaben zum Unternehmen
2. Produktionsprogramm und Mikroelektronik
3. Mikroelektronik im Produktionsprozeß
4. Mikroelektronik in Büro und Verwaltung
Umfang und Ergebnisse dieser ersten Befragungsaktion wurden bereits in einem Zwischenbericht dargestellt[1]).

In der zweiten Stufe der Informationsbeschaffung wurde eine schriftliche Befragung von Industriefirmen durchgeführt. Insgesamt 265 Firmen wurden in der Form einer geschichteten Stichprobe unter den rund 1.500 Industriefirmen ausgewählt, die regelmäßig am Investitionstest des Österreichischen Institutes für Wirtschaftsforschung teilnehmen. In diese Stichprobe wurden Großbetriebe mit mehr als 3.000 Beschäftigten nicht aufgenommen, da diese möglichst vollständig durch mündliche Interviews erfaßt werden sollten. Der Fragebogen wurde gemeinsam mit der Herbsterhebung 1979 des Investitionstests ausgesendet.

Der Erhebungsumfang sowie die branchenmäßige Zusammensetzung der Stichprobe sind der Übersicht 4.1 zu entnehmen. Die Antwortquote fiel mit 52% (138 von 265 Firmen haben den Fragebogen mit auswertbaren Antworten retourniert) angesichts des Umfangs und des Schwierigkeitsgrads des Fragebogens erfreulich hoch aus. Die meldenden Firmen repräsentierten 10,5% der Industriebeschäftigung bzw. 10,7% der Umsätze der Industrie[2]). Die branchenmäßige Gliederung des Repräsentationsgrads ist in den Übersichten 4.2 und 4.3 wiedergegeben.

Neben der schriftlichen Befragungsaktion wurden weitere mündliche Interviews durchgeführt, sodaß insgesamt 175 Industriefirmen mit ca. 200.000 Beschäftigten und Umsätzen von insgesamt ca. 170 Mrd. S (Stand 1978/79) zum Thema Mikroelektronik geantwortet haben. Dies entspricht einem Repräsentationsgrad von einem Drittel der Industriebeschäftigten bzw. nicht ganz 40% der Industrieumsätze. Für einzelne Fragestellungen ist allerdings eine wesentlich geringere Repräsentanz gegeben. Es wird versucht, diese Tat-

Übersicht 4.1

**Erhebungsumfang der Sonderbefragung „Mikroelektronik"**

| Industriezweig | Zahl der Firmen 1979 | | | |
|---|---|---|---|---|
| | angeschrieben | meldend | Mikroelektronik im Produkt | Mikroelektronik im Produktionsprozeß | ohne Mikroelektronik im Produkt und Produktionsprozeß |
| Steine-Keramik | 15 | 6 | — | 3 | 3 |
| Glas | 6 | — | — | — | — |
| Chemie | 20 | 11 | — | 7 | 4 |
| Papier | 17 | 8 | — | 7 | 1 |
| Säge | 6 | 2 | — | 1 | 1 |
| Holz | 10 | 5 | — | 1 | 4 |
| Nahrungs- und Genußmittel | 16 | 9 | — | 4 | 5 |
| Leder | 13 | 5 | — | 1 | 4 |
| Gießereien | 5 | 3 | — | 1 | 2 |
| NE-Metalle | 4 | 3 | — | 1 | 2 |
| Maschinen | 42 | 20 | 9 | 5 | 6 |
| Fahrzeuge | 6 | 1 | — | — | 1 |
| Eisen- und Metallwaren | 29 | 17 | 4 | 8 | 5 |
| Elektro | 27 | 18 | 7 | 5 | 6 |
| Textil | 22 | 15 | — | 10 | 5 |
| Bekleidung | 17 | 8 | — | 5 | 3 |
| Graphisches Gewerbe | 10 | 7 | — | 5 | 2 |
| Summe | 265 | 138 | 20 | 64 | 54 |

## Repräsentationsgrad der Sonderbefragung „Mikroelektronik"
### (Beschäftigte)

| Industriezweig | Zahl der meldenden Firmen | Beschäftigte 1979 | | Repräsentationsgrad in % |
| --- | --- | --- | --- | --- |
| | | gemeldet | Industrie insgesamt | |
| Steine-Keramik | 6 | 1.478 | 26.379 | 5,6 |
| Glas | — | — | 7.472 | — |
| Chemie | 11 | 6.255 | 61.232 | 10,2 |
| Papier | 8 | 3.525 | 23.035 | 15,3 |
| Säge | 2 | 85 | 16.004 | 0,5 |
| Holz | 5 | 2.805 | 27.999 | 10,0 |
| Nahrungs- und Genußmittel | 9 | 3.198 | 50.024 | 6,4 |
| Leder | 5 | 2.147 | 15.355 | 14,0 |
| Gießereien | 3 | 1.954 | 10.034 | 19,5 |
| NE-Metalle | 3 | 722 | 8.190 | 8,8 |
| Maschinen | 20 | 11.478 | 78.437 | 14,6 |
| Fahrzeuge | 1 | 100 | 30.634 | 0,3 |
| Eisen- und Metallwaren | 17 | 7.271 | 62.187 | 11,7 |
| Elektro | 18 | 7.836 | 69.967 | 11,2 |
| Textil | 15 | 7.694 | 45.967 | 16,7 |
| Bekleidung | 8 | 3.743 | 32.531 | 11,5 |
| Graphisches Gewerbe | 7 | 2.694 | 35.952 | 7,5 |
| Summe | 138 | 62.985 | 601.399 | 10,5 |



## Repräsentationsgrad der Sonderbefragung „Mikroelektronik"
### (Umsätze)

| Industriezweig | Zahl der meldenden Firmen | Umsätze 1979 in Mill. S | | Repräsentationsgrad in % |
| --- | --- | --- | --- | --- |
| | | gemeldet | Industrie insgesamt | |
| Steine-Keramik | 6 | 1.029 | 21.778 | 4,7 |
| Glas | — | — | — | — |
| Chemie | 11 | 9.163 | 60.445 | 15,2 |
| Papier | 8 | 3.569 | 21.889 | 16,3 |
| Säge | 2 | 121 | 21.634 | 0,6 |
| Holz | 5 | 1.692 | 17.715 | 9,6 |
| Nahrungs- und Genußmittel | 9 | 4.415 | 57.986 | 7,6 |
| Leder | 5 | 1.085 | 8.248 | 13,2 |
| Gießereien | 3 | 991 | 4.947 | 20,0 |
| NE-Metalle | 3 | 724 | 8.106 | 8,9 |
| Maschinen | 20 | 7.027 | 48.480 | 14,5 |
| Fahrzeuge | 1 | 40 | 21.705 | 0,2 |
| Eisen- und Metallwaren | 17 | 4.368 | 34.767 | 12,6 |
| Elektro | 18 | 4.511 | 42.309 | 10,7 |
| Textil | 15 | 3.868 | 24.543 | 15,8 |
| Bekleidung | 8 | 1.518 | 11.477 | 13,2 |
| Graphisches Gewerbe | 7 | 1.418 | 18.641 | 7,6 |
| Summe | 138 | 45.539 | 424.670 | 10,7 |

sache im weiteren Verlauf der Studie durch Hinweise auf die jeweilige Größe der Erhebungsmasse (z. B. Zahl der Firmen), auf die sich ein Ergebnis bezieht, zu berücksichtigen.

Über die Firmenbefragungen hinaus wurden Informationen aus internationalen Studien und Fachzeitschriften, Geschäftsberichten, Presseveröffentlichungen, Prospektmaterial und Branchenverzeichnissen zur Ergänzung des primär erhobenen Materials herangezogen.

## 4.2  Entwicklung und Erzeugung von mikroelektronischen Bauelementen

Auf Grund von Produktionsstätten großer internationaler Konzerne (z. B. AEG-Telefunken, ITT, Philips, Siemens) und namhafter heimischer Elektronikfirmen (z. B. Kapsch, Schrack) gibt es in Österreich eine beachtliche Erzeugung von Bauelementen für die Elektronikindustrie. Der wertmäßige Umfang der österreichischen Bauelementeproduktion hängt von der gewählten Definition ab und läßt sich anhand der publizierten Statistiken auch kaum exakt feststellen. Nach einer ziemlich weit gefaßten Definition[3]) machte der Produktionswert 1979 ca. 6 Mrd. S aus. Gemessen am gesamten Produktionswert der österreichischen Elektronikindustrie erreichte die Bauelementefertigung rund 40%. Dieser Anteil ist fast doppelt so hoch wie der westeuropäische Durchschnitt von rund 21%. Österreich nimmt in dieser Hinsicht den Spitzenrang vor den Niederlanden (31%) und Finnland (28%) ein[4]). Die österreichische Entwicklung, d. h. ein Steigen des Anteils der Bauelementefertigung in der Elektronikindustrie, weicht auch vom allgemeinen westeuropäischen Trend seit 1976 ab. In den meisten westeuropäischen Ländern sinkt bzw. stagniert dieser Anteil (siehe dazu Übersicht 4.4).

Zu den Eigentümlichkeiten der warenmäßigen Zusammensetzung der österreichischen Produktion von Bauelementen für die Elektronikindustrie zählen
1. der hohe Anteil von passiven Komponenten,
2. der hohe Anteil von Röhren, insbesondere von Bildröhren für Fernsehempfangsgeräte,
3. das Fehlen von (monolithisch) integrierten Halbleiterschaltungen (bis 1980).

Obwohl sich in der warenmäßigen Zusammensetzung der österreichischen Bauelementefertigung deutlich eine durchaus sinnvolle Spezialisierung auf bestimmte Produktgruppen im Rahmen einer weltweiten bzw. europaweiten Arbeitsteilung widerspiegelt, scheint es sich insgesamt doch um eine Konzentration auf Produkte mit vergleichsweise mäßigen Wachstumsaussichten zu handeln. Für diese Auffassung sprechen zumindest die folgenden Prognosen.

32

**Bauelementefertigung in der Elektronikindustrie**

| | Anteil der Bauelementefertigung am Produktionswert der Elektronikindustrie | |
| --- | --- | --- |
| | 1976 | 1979 |
| | in % | |
| Belgien | 22,1 | 20,4 |
| Bundesrepublik Deutschland | 29,0 | 24,6 |
| Dänemark | 26,2 | 24,2 |
| Finnland | 12,3 | 27,9 |
| Frankreich | 13,2 | 9,7 |
| Italien | 19,6 | 19,3 |
| Niederlande | 40,6 | 31,4 |
| Norwegen | 16,4 | 14,9 |
| Österreich | 38,9 | 40,4 |
| Schweden | 11,7 | 12,1 |
| Schweiz | 21,1 | 21,7 |
| Spanien | 23,5 | 18,7 |
| Großbritannien | 23,7 | 23,4 |
| Westeuropa insgesamt | 23,6 | 20,8 |

Q: Mackintosh Yearbook of West European Electronics Data 1979.

Das Wachstum des Marktes für elektronische Bauelemente in der westlichen Welt wird mit durchschnittlich ca. 8% pro Jahr in der Periode 1980 bis 1985 geschätzt[5]). Für (monolithisch) integrierte Halbleiterschaltungen wird ein durchschnittliches jährliches Marktwachstum von ca. 15% erwartet. Hingegen zeichnet sich für passive Bauelemente (ca. +5% pro Jahr), diskrete Halbleiterbauelemente (ca. +4% pro Jahr) und Röhren (ca. +3% pro Jahr) ein deutlich geringeres Marktwachstum ab (siehe auch Übersicht 4.5).

Im Hinblick auf die differenzierten Wachstumsaussichten im Bereich der elektronischen Bauelemente ist die Aufnahme der Erzeugung von monolithisch integrierten Halbleiterschaltungen[6]) als Strukturverbesserung der österreichischen Bauelementeproduktion anzusehen, obwohl die Konkurrenzverhältnisse auf den internationalen Märkten für integrierte Schaltungen keineswegs problemlos sind.

Der österreichische Markt für integrierte Schaltungen wird auf ca. 340 Mill. S im Jahr 1979 geschätzt. Dieser Wert entspricht einem Anteil von ca. 1,7% des westeuropäischen Marktes bzw. 0,4% des Marktes der westlichen Welt. Die geringe Größe des österreichischen Marktes erfordert, daß jede rein kommerzielle Massenfertigung von sogenannten „Chips" zumindest auf den europäischen, wenn nicht überhaupt grundsätzlich auf den Weltmarkt ausgerichtet sein muß. Für die Errichtung von Anlagen, die teils der Entwicklung und teils der zahlenmäßig beschränkten Produktion von kosten-

### Struktur der Bauelementeproduktion Österreichs und internationale Wachstumsaussichten

| | Anteile der Produktgruppen 1979 | Marktprognosen 1980/1985 | | |
| --- | --- | --- | --- | --- |
| | | BRD | Westeuropa | Westliche Welt |
| | in % | Durchschnittliche jährliche Veränderung (nominell) in % | | |
| Aktive Bauelemente | 38 | 9,7 | 9,9 | 9,6 |
| Röhren | 29 | 4,2[1]) | 4,3[1]) | 3,0[1]) |
| Diskrete Halbleiter | 9 | 3,3 | 3,7 | 3,8 |
| Integrierte Schaltungen (monolithisch) | 0 | 14,9 | 15,7 | 14,6 |
| Passive Bauelemente | 62 | 3,9 | 4,8 | 4,9 |
| Kondensatoren | 26 | | | |
| Widerstände | 14 | | | |
| Kleintrafos | 6 | | | |
| Spulen | 7 | | | |
| Relais | 9 | | | |
| Summe Bauelemente | 100 | 7,2 | 7,7 | 7,9 |

Q: Mackintosh Yearbook 1979, Electronics International, Siemens-Marktforschung. — [1]) Ohne Bildröhren.

unempfindlichen Spezialschaltungen dienen, könnten natürlich auch andere Überlegungen ausschlaggebend sein.

Die Vorstellung, daß es mittels einer heimischen Fertigung von monolithisch integrierten Schaltungen gelingen könnte, vorhandene oder zukünftige Bedürfnisse der professionellen österreichischen Abnehmer an integrierten Schaltungen weitflächig und konkurrenzfähig zu befriedigen, scheint angesichts der Marktgröße und -struktur in Österreich nicht den Realitäten zu entsprechen. Die Nachfrage der heimischen Geräteindustrie i. w. S. ist einerseits stark aufgesplittert und andererseits konzernmäßig gebunden. Eine ins Gewicht fallende, homogene heimische Nachfrage gibt es derzeit nur im Bereich der Unterhaltungselektronik (insbesondere Fernsehgeräte, Videorecorder) und Telekommunikation (Digitalisierung des Fernsprechnetzes). Abweichend von der Schweiz, wo der Bedarf einer traditionell bedeutsamen Branche wie der Uhrenindustrie das Entstehen einer nationalen Halbleiterindustrie gefördert hat, fehlt in Österreich ein derartig homogener Markt. Und es ist fraglich, ob in Österreich eine ähnliche nationale Synergie zwischen der Geräteindustrie und der Halbleiterindustrie überhaupt noch entstehen kann. Ansatzpunkte dafür sind am ehesten noch in jenen Bereichen gegeben, wo entweder die öffentliche Hand (direkt oder indirekt) als Nachfrager auftritt und für einen ausreichend großen Markt sorgen kann (z. B. Nachrichtentechnik, medizinische Technik, Energietechnik, periphere Datentechnik), oder wo ein fundamentales Interesse der österreichischen Geräte-, Maschinen- und Anlagenbau-Industrie den Anstoß geben könnte (z. B. Meß-, Steuer-

und Regeltechnik; einen Kristallisationspunkt könnte z. B. die Dieselmotorensteuerung bilden, da auf diesem Gebiet in Österreich international anerkannte Entwicklungsarbeiten geleistet werden). Ähnlich wie in der Schweiz wird man auch in Österreich auf Kooperationen mit der internationalen Halbleiterindustrie nicht verzichten können.

Die Mikroelektronik beschränkt sich allerdings nicht nur auf die Herstellung von monolithisch integrierten Schaltungen. Die Produktion hybrider Schaltungen in Dick- und Dünnschichttechnologie unter teilweiser Verwendung monolithisch integrierter Bauelemente findet ihre Marktnischen dort, wo es darum geht, elektronische Schaltungen klein, zuverlässig und widerstandsfähig zu konzipieren (z. B. tragbare Geräte, Schaltungen für aggressive Umgebung, Sensortechnik, Fahrzeugelektronik, Implantate, Prothetik)[7]).

Darüber hinaus hat man in Österreich auch begonnen, Zuliefermöglichkeiten zur internationalen Halbleiterindustrie zu nutzen[8]), und einige österreichische Firmen befassen sich mit der Herstellung von gedruckten Leiterplatten.

## 4.3  Mikroelektronik in der Geräteindustrie

In diesem Abschnitt wird zunächst versucht, einen Überblick über die österreichische Elektronik-Geräteproduktion zu geben und im Anschluß daran darzustellen, inwieweit die Mikroelektronik in der Form von integrierten Schaltungen, insbesondere von Mikroprozessoren, bereits Eingang in die Produkte der österreichischen Industrie gefunden hat bzw. bis 1985 finden wird. Diese Fragestellung betrifft in erster Linie die Branchen Elektroindustrie, Maschinenindustrie, Fahrzeugindustrie sowie Eisen- und Metallwarenindustrie. Die Geräteindustrie ist der direkte Abnehmer für die Produkte der Bauelemente- bzw. Halbleiterindustrie. Die Abgrenzung der Geräteindustrie ist fließend und hängt auch vom jeweiligen Untersuchungszweck ab. Zur Zeit ist sicherlich nur ein Teil des Produktionsprogramms der vorhin genannten Industriezweige für unsere Fragestellung direkt relevant. Die übliche Abgrenzung der Elektronik-Geräteproduktion ist auch enger und konzentriert sich auf die Elektrotechnik und jene Bereiche der (Fein-)Mechanik, die im Begriffe sind, durch die Elektronik ersetzt zu werden (siehe auch Definition der Elektronik-Geräteproduktion im Anhang). Nach dieser Art von Definition erreichte die Elektronik-Geräteproduktion Österreichs im Jahr 1978 einen Wert[9]) von 22 Mrd. S (siehe Übersicht 4.6). Der überwiegende Teil (über 90%) dieser Produktion kommt aus dem Bereich der Elektroindustrie (Mitgliedfirmen des Fachverbands der Elektroindustrie und der Bundesinnung der Elektro-, Radio- und Fernsehtechniker). Die restliche Produktion kommt aus

**Die Elektronik-Geräteproduktion Österreichs im internationalen Vergleich**
(Produktionswert 1978)

| | Österreich | BRD | Westeuropa | USA | Japan | Westliche Welt[1]) |
|---|---|---|---|---|---|---|
| | | | in Mrd. S | | | |
| Datentechnik | 1,03 | 53,9 | 154,0 | 350,0 | 98,0 | 609,0 |
| Nachrichtentechnik | 2,05 | 53,9 | 238,0 | 287,0 | 59,5 | 606,9 |
| Meß-, Steuer- und Regeltechnik | 1,61 | 55,3 | 123,2 | 224,0 | 34,3 | 388,5 |
| Energietechnik | 5,49 | 18,2 | 46,2 | 51,8 | 22,4 | 135,8 |
| Unterhaltungselektronik | 7,91 | 55,3 | 144,2 | 84,0 | 113,4 | 442,4 |
| Haushaltselektronik | 2,12 | 68,6 | 168,0 | 156,8 | 77,0 | 434,0 |
| Autoelektronik | 0,14 | 27,3 | 68,6 | 63,0 | 46,2 | 182,0 |
| Freizeitelektronik | 1,65 | 8,4 | 22,4 | 44,8 | 61,6 | 149,8 |
| Summe | 22,00 | 340,9 | 964,6 | 1.261,4 | 512,4 | 2.948,4 |
| *Anteile regionaler Märkte in %* | *0,75* | *11,6* | *32,7* | *42,8* | *17,4* | *100,0* |

Q: Österreichisches Statistisches Zentralamt, Fachverband Elektroindustrie, ZVEI, Siemens-Marktforschung, Mackintosh Yearbook 1979. — [1]) Welt ohne RGW-Länder und ohne Volksrepublik China.

dem Bereich der Eisen- und Metallwarenindustrie, der Maschinenindustrie und der Fahrzeugindustrie.

Die Schwäche Österreichs im Bereich der technischen Verarbeitungsindustrien („engineering industries"), auf die vom Österreichischen Institut für Wirtschaftsforschung in der Vergangenheit wiederholt hingewiesen wurde[10]), zeigt sich auch im verhältnismäßig geringen Umfang der Elektronik-Geräteproduktion. Mit einem Anteil von 0,75% an der Elektronik-Geräteproduk-



**Die Elektronik-Geräteproduktion Österreichs im internationalen Vergleich**
(Anteile der Sparten)

| | Österreich | BRD | Westeuropa | USA | Japan | Westliche Welt[1]) |
|---|---|---|---|---|---|---|
| | | | in % | | | |
| Datentechnik | 4,7 | 15,8 | 16,0 | 27,7 | 19,1 | 20,6 |
| Nachrichtentechnik | 9,3 | 15,8 | 24,7 | 22,8 | 11,6 | 20,6 |
| Meß-, Steuer- und Regeltechnik | 7,3 | 16,3 | 12,8 | 17,7 | 6,7 | 13,2 |
| Energietechnik | 25,0 | 5,3 | 4,8 | 4,1 | 4,4 | 4,6 |
| Unterhaltungselektronik | 36,0 | 16,2 | 14,9 | 6,7 | 22,2 | 15,0 |
| Haushaltselektronik | 9,6 | 20,1 | 17,4 | 12,4 | 15,0 | 14,7 |
| Autoelektronik | 0,6 | 8,0 | 7,1 | 5,0 | 9,0 | 6,2 |
| Freizeitelektronik | 7,5 | 2,5 | 2,3 | 3,6 | 12,0 | 5,1 |
| Summe | 100,0 | 100,0 | 100,0 | 100,0 | 100,0 | 100,0 |

Q: Österreichisches Statistisches Zentralamt, Fachverband Elektroindustrie, ZVEI, Siemens-Marktforschung, Mackintosh Yearbook 1979. — [1]) Welt ohne RGW-Länder und ohne Volksrepublik China.

tion der westlichen Welt bleibt Österreich deutlich unter den entsprechenden Anteilen des Brutto-Nationalproduktes bzw. der Industrieproduktion. In dieser Hinsicht illustrativ ist auch der Vergleich Österreichs mit der Bundesrepublik Deutschland, die bei einem ca. 10fachen Umfang der Industrieproduktion eine Elektronik-Geräteproduktion im 15- bis 16fachen Umfang jener von Österreich aufweist.

Die Struktur der österreichischen Elektronik-Geräteproduktion ist durch die starke Konzentration auf die Sparten Unterhaltungselektronik und Energietechnik gekennzeichnet. Anteilsmäßig stark vertreten ist auch die Freizeitelektronik, doch ist gerade dieser Bereich in letzter Zeit in Schwierigkeiten geraten.

Ähnlich wie bei der Bauelementeproduktion läßt sich auch von der derzeitigen Struktur der Elektronik-Geräteproduktion Österreichs sagen, daß sie in Hinblick auf die internationalen Prognosen nicht besonders wachstumsträchtig sein dürfte (siehe dazu Übersicht 4.8). Die voraussichtlich besonders rasch wachsenden Sparten Datentechnik und Nachrichtentechnik sind in Österreich unterrepräsentiert[11]). Ob die prognostizierten internationalen Wachstumschancen im Bereich der Freizeitelektronik von Österreich genützt werden können, erscheint angesichts der Probleme des größten österreichischen Erzeugers dieser Sparte noch fraglich. Für die in Österreich so stark repräsentierte Sparte der Unterhaltungselektronik zeichnet sich in den Prognosen eine scharfe Konkurrenz durch die japanische Geräteindustrie ab[12]).

Übersicht 4.8

### Wachstumsaussichten der Elektronik-Geräteproduktion bis 1985

| | Struktur der österreichischen Produktion 1978 | Wachstumsprognosen 1978/1985 (zu laufenden Preisen) | |
| --- | --- | --- | --- |
| | | Westeuropa | Westliche Welt[1]) |
| | Anteile der Sparten in % | Durchschnittliche jährliche Veränderung in % | |
| Datentechnik | 4,7 | 12,3 | 10,4 |
| Nachrichtentechnik | 9,3 | 8,3 | 8,0 |
| Meß-, Steuer- und Regeltechnik | 7,3 | 7,9 | 7,0 |
| Energietechnik | 25,0 | 6,1 | 6,2 |
| Unterhaltungselektronik | 36,0 | 7,0 | 7,2 |
| Haushaltselektronik | 9,6 | 7,6 | 5,5 |
| Autoelektronik | 0,6 | 8,2 | 7,5 |
| Freizeitelektronik | 7,5 | 9,4 | 9,7 |
| Summe | 100,0 | 8,6 | 7,9 |

Q: Österreichisches Statistisches Zentralamt, Fachverband Elektroindustrie, ZVEI, Siemens-Marktforschung, Mackintosh Yearbook 1979. — [1]) Welt ohne RGW-Länder und ohne Volksrepublik China.

Vertreter der österreichischen Geräteindustrie waren in den durchgeführten mündlichen und schriftlichen Unternehmensbefragungen überproportional vertreten. Insgesamt liegen für 92 Firmen aus der Geräteindustrie, (d. h. Firmen aus den Fachverbänden Elektro-, Maschinen-, Fahrzeug-, Eisen- und Metallwarenindustrie) beantwortete Fragebögen bzw. Interviewprotokolle vor. Auf diese Weise konnten 45% der Beschäftigten und 50% der Umsätze in den eben genannten Branchen erfaßt werden. Für bestimmte Fragestellungen, wie z. B. Schätzungen des Verbreitungsgrads der Mikroelektronik anhand der Firmenzahl (zusätzlich gewichtet mit Beschäftigten bzw. Umsätzen) ist die Repräsentation noch höher.

Zur Abschätzung des Verbreitungsgrads der Mikroelektronik in den Produkten der Geräteindustrie liefern die Ergebnisse der Unternehmensbefragungen verschiedene Kennziffern und qualitative Angaben:
1. Anzahl der Verwenderfirmen, wobei eine Gewichtung mit Beschäftigtenzahlen und Umsätzen möglich ist;
2. Investitionsaufwand in Zusammenhang mit dem Einsatz der Mikroelektronik;
3. Zahl der Art der Produkte, in welche die Mikroelektronik Eingang gefunden hat;
4. Wert der Mikroelektronik im Verhältnis zum Gerätewert bzw. Umsatz;
5. direkt mit der Anwendung der Mikroelektronik verbundene Personaländerungen.

Meldeausfälle und Definitionsschwierigkeiten haben zu einer sehr unterschiedlichen Qualität bzw. Verallgemeinerungsfähigkeit der angeführten Kennziffern und qualitativen Angaben beigetragen. Ausreichend abgesichert dürften die Verbreitungsgrade hinsichtlich der Zahl der Anwenderfirmen einschließlich der beiden Gewichtungsvarianten sein („interfirm diffusion"). Wesentlich schwieriger und unsicherer gestaltet sich die Abschätzung der Anwendungsintensität innerhalb der Unternehmen („intrafirm diffusion"). Beide Aspekte der Diffusion sind letztlich für die sozialen und ökonomischen Effekte ausschlaggebend.

Um die Nachvollziehbarkeit der Diffusionsschätzungen einigermaßen zu gewähren, wird im folgenden nicht nur das Ergebnis, sondern auch der stufenweise Aufbau präsentiert. Diese Vorgangsweise ist zwar schwerfällig, sie empfiehlt sich jedoch im Hinblick auf die spätere Verwendung der empirischen Ergebnisse im Input-Output-Modell des Institutes für sozio-ökonomische Entwicklungsforschung der österreichischen Akademie der Wissenschaften[13]). Darüber hinaus dürften auch die verschiedenen Diffusionskennzahlen an sich für verschiedene Fragestellungen von Interesse sein (wie z. B. die Zahl der Anwenderfirmen für die Gestaltung von überbetrieblichen Unterstützungsmaßnahmen bei der Einführung der Mikroelektronik etc.).

Die mündlichen und schriftlichen Unternehmensbefragungen liefern hinsichtlich der Verbreitung der Mikroelektronik in den Produkten der österreichischen Geräteindustrie das folgende Bild:

Von den 140 angeschriebenen bzw. interviewten Industriefirmen aus dem Bereich Maschinen- und Fahrzeugbau, Elektrotechnik und Eisen- und Metallwarenindustrie gaben 37 Firmen (26,4%) an, daß sie im Jahre 1979 zumindest in einem ihrer Produkte Mikroelektronik verwendeten. Von weiteren 14 Firmen wird gemeldet, daß es eine konkrete Entwicklung bzw. Planung gibt, die Mikroelektronik bis 1985 in den Produkten einzusetzen. Auf diese Weise werden 1985 voraussichtlich 51 von 140 Firmen (36,4%) die Mikroelektronik in zumindest einem ihrer Produkte verwenden (siehe Übersicht 4.9).

Die Gewichtung der erfaßten Firmen mit der Zahl der Beschäftigten läßt erkennen, daß die Mikroelektronik unter den größeren Firmen bereits mehr Verbreitung gefunden hat als unter den kleineren[14]). Allerdings beschränkt sich der Einsatz der Mikroelektronik in den großen Firmen häufig auf einen kleinen Teil des Erzeugungsprogramms.

Die branchenmäßige Gliederung der Befragungsergebnisse zeigt erwartungsgemäß, daß die Elektroindustrie hinsichtlich der Anwendung der Mikroelektronik deutlich vor dem Maschinenbau, der Eisen- und Metallwarenindustrie und der Fahrzeugindustrie führt. In der Elektroindustrie setzten 1979 bereits 50% der erfaßten Firmen die Mikroelektronik für zumindest eines ihrer Produkte ein, im Maschinenbau waren es 19%, in der Eisen- und Metallwarenindustrie 10%, im Fahrzeugbau keine der Firmen. Der deutliche Vorsprung der Elektroindustrie hinsichtlich der Verbreitung des Einsatzes der Mikroelektronik in den Produkten wird sich jedoch bis 1985 aller Voraussicht nach verrin-

Übersicht 4.9

**Verbreitung des Einsatzes von Mikroelektronik in der österreichischen Geräteindustrie
1979 bis 1985**

(Ergebnisse der mündlichen und schriftlichen Unternehmensbefragungen)

| | Zahl der Firmen (Beschäftigte 1979) | | |
|---|---|---|---|
| | Alle erfaßten Firmen | Anwenderfirmen mit Mikroelektronik im Produkt | |
| | | 1979 | 1985 |
| Elektroindustrie | 48 (42.279) | 24 (36.427) | 27 (36.989) |
| Maschinenindustrie | 52 (50.861) | 10 (23.657) | 17 (33.962) |
| Eisen- und Metallwarenindustrie | 30 (15.225) | 3 (4.361) | 5 (4.940) |
| Fahrzeugindustrie | 10 (21.935) | 0 (0) | 2 (16.850) |
| Summe | 140 (130.300) | 37 (63.445) | 51 (92.741) |

Q: WIFO-Sonderbefragung Mikroelektronik, WIFO-Investitionstest, Interviews.

gern, da der Diffusionsprozeß („interfirm diffusion") in den übrigen Branchen der Geräteindustrie rascher vor sich gehen wird. Das Diffusionsniveau der Elektroindustrie wird allerdings bis 1985 in den übrigen Branchen bei weitem nicht erreicht werden.

Die Hochschätzung von Diffusionsergebnissen aus den Firmenbefragungen auf die Gesamtheit der österreichischen Geräteindustrie wird trotz des verhältnismäßig hohen Repräsentationsgrads durch die erkennbaren produkt-, größen- und branchenspezifischen Besonderheiten erschwert. Nach den bisherigen Erfahrungen muß die Hochschätzung zumindest nach Branchen und Betriebsgrößenklassen gegliedert vorgenommen werden. Zusätzliche Unsicherheiten bringt die Einbeziehung der Gewerbebetriebe in die Hochschätzung mit sich, da der Gewerbebereich nicht wie die Industrie durch regelmäßige Primärerhebungen des Österreichischen Institutes für Wirtschaftsforschung erfaßt wird. Für diesen Bereich fehlen daher auch die Möglichkeiten zur Kontrolle von Firmenangaben.

Im Hinblick auf die Verwendung der Ergebnisse im Input-Output-Modell erscheint es trotzdem zweckmäßig, die Hochschätzungen anhand der Ergebnisse der gewerblichen Betriebszählung 1976[15]) und nach der Gliederung der Betriebssystematik 1968 vorzunehmen.

Die Hochschätzung verfolgt das Ziel, die wirtschaftliche Bedeutung der Mikroelektronik für die österreichische Geräteproduktion anhand einer Gegenüberstellung des Wertes der eingesetzten mikroelektronischen Systeme mit dem gesamten Umsatz (Brutto-Produktionswert) dieses Sektors zu illustrieren. Die Relation Mikroelektronik/Geräteindustrie (Verbreitungsgrad) wird als Produkt der „interfirm diffusion" (Anteil der Anwenderunternehmen, gemessen an den Beschäftigten) und der „intrafirm diffusion" (unternehmensinterner Anwendungsgrad, gemessen am Verhältnis des Wertes der eingesetzten Mikroelektronik zum Firmenumsatz) errechnet. Der unternehmensinterne Anwendungsgrad wird noch in zwei Faktoren aufgespalten: in das Verhältnis Mikroelektronik zu Gerätewert und in den Anteil der mikroelektronisch ausgerüsteten Geräte(gruppen) am gesamten Produktionsprogramm.

Diese Art der Zerlegung des Verbreitungsgrads nützt die Informationen aus den Firmenbefragungen bestmöglich aus und macht außerdem die Hochschätzung übersichtlicher und leichter nachvollziehbar (siehe Übersicht 4.10).

Auf Grund des hochgeschätzten Verbreitungsgrads läßt sich der Wert der Mikroelektronik, die in der österreichischen Geräteproduktion enthalten ist, für das Jahr 1979 mit insgesamt 1.070 Mill. S beziffern. Dieser Wert ent-

## Komponenten der Verbreitung der Mikroelektronik in der österreichischen Geräteindustrie 1979 und 1985

| Größenklasse | „interfirm diffusion" | | „intrafirm diffusion" | | | | Verbreitungsgrad | |
|---|---|---|---|---|---|---|---|---|
| (Zahl der Beschäftigten) | Anteil der Anwenderfirmen gemessen an den Beschäftigten in % | | Anteil der Produkte mit Mikroelektronik am Umsatz der Anwenderfirmen in % | | Anteil der Mikroelektronik am Gerätewert in % | | Anteil der Mikroelektronik am Gesamtumsatz in % | |
| | 1979 | 1985 | 1979 | 1985 | 1979 | 1985 | 1979 | 1985 |
| *Elektrotechnik* | | | | | | | | |
| bis 9 | 5 | 8 | 50 | 80 | 12 | 20 | 0,3 | 1,3 |
| 10 bis 99 | 35 | 40 | 40 | 60 | 8 | 14 | 1,1 | 3,4 |
| 100 bis 999 | 40 | 45 | 40 | 70 | 13 | 17 | 2,1 | 5,4 |
| 1.000 und mehr | 95 | 100 | 30 | 50 | 5 | 10 | 1,4 | 5,0 |
| *Maschinenbau* | | | | | | | | |
| 100 bis 999 | 20 | 35 | 30 | 50 | 7 | 10 | 0,4 | 1,8 |
| 1.000 und mehr | 60 | 80 | 40 | 60 | 5 | 7 | 1,2 | 3,4 |
| *Fahrzeugbau* | | | | | | | | |
| 100 bis 999 | — | 20 | 20 | 30 | — | 3 | — | 0,1 |
| 1.000 und mehr | — | 80 | — | 50 | — | 3 | — | 1,2 |
| *Eisen- und Metallwaren, Feinmechanik* | | | | | | | | |
| 100 und mehr | 20 | 30 | 25 | 35 | 10 | 10 | 0,5 | 1,1 |

Q: Firmenbefragungen.

spricht ca. 0,8% des Brutto-Produktionswertes der Wirtschaftsklassen 53 bis 59 bzw. ca. 0,2% des gesamten Brutto-Produktionswertes der Wirtschaftsabteilungen 3/4/5 (verarbeitendes Gewerbe, Industrie). Die Projektion[16]) für das Jahr 1985 ergibt einen Anteil der Mikroelektronik am Wert der Geräteproduktion von 2,1% (siehe Übersicht 4.11).



## Wert der Mikroelektronik in der österreichischen Geräteproduktion 1979 und 1985

| Wirtschaftsklasse | | 1979 | 1985[1]) | 1979 | 1985[1]) |
|---|---|---|---|---|---|
| | | in Mill. S zu laufenden Preisen | | in % des Brutto-Produktionswertes | |
| 56/57 | Elektrotechnik | 823 | 1.893 | 1,6 | 4,9 |
| 54/55 | Maschinenbau | 153 | 872 | 0,4 | 1,4 |
| 58 | Fahrzeugbau | — | 301 | — | 0,5 |
| 53 + 59 | Metallwaren und Feinmechanik | 94 | 312 | 0,3 | 0,6 |
| 53 bis 59 | Summe | 1.070 | 5.378 | 0,8 | 2,1 |

Q: Betriebszählung 1976, Unternehmensbefragungen. — [1]) Projektion unter der Annahme eines durchschnittlichen jährlichen Wachstums der Geräteproduktion von 7% (zu laufenden Preisen, 1976/1985) und konstanter Basisgewichtung lt. Betriebszählung 1976.

## 4.4 Einsatz von mikroelektronisch ausgerüsteten Geräten, Maschinen und Anlagen im Produktionsprozeß

In diesem Abschnitt wird versucht, die Verbreitung des Einsatzes von Geräten, Maschinen und Anlagen darzustellen, die mit Mikroelektronik ausgestattet sind. Diese Fragestellung betrifft die gesamte Industrie und nicht nur einzelne Branchen. Das entsprechende Datenmaterial liegt aus den mündlichen und schriftlichen Firmenbefragungen vor.

Von den 304 erfaßten Firmen meldeten 112 Firmen, daß sie im Jahr 1979 Geräte, Maschinen und Anlagen, die mit Mikroelektronik ausgestattet sind, im Produktionsprozeß verwenden. Weitere zehn von den erfaßten Firmen planen konkret, solche Geräte etc. spätestens bis zum Jahr 1985 zu verwenden (siehe Übersicht 4.12).

Mit Mikroelektronik ausgerüstete Geräte, Maschinen und Anlagen für den Produktionsprozeß haben insbesondere in Firmen der Eisen- und Stahl-, Chemie-, Elektro- und Textilindustrie und im graphischen Gewerbe Eingang gefunden. In den verfahrenstechnischen Branchen (Eisen- und Stahlindustrie, Chemieindustrie, Papierindustrie) wird die Mikroelektronik in erster Linie

*Übersicht 4.12*

**Verbreitung des Einsatzes von mikroelektronischen Geräten in den Produktionsprozessen der österreichischen Industrie 1979 und 1985**
(Ergebnisse der mündlichen und schriftlichen Unternehmensbefragungen)

| | Zahl der Firmen (Beschäftigte 1979) | | | | | |
|---|---|---|---|---|---|---|
| | Alle erfaßten Firmen | | Anwenderfirmen mit Mikroelektronik im Produktionsverfahren | | | |
| | | | 1979 | | 1985 | |
| Bergbau, Eisenhütten, Erdöl | 3 | (52.250) | 3 | (52.250) | 3 | (52.250) |
| NE-Metalle, Gießereien | 9 | (3.896) | 2 | (1.339) | 2 | (1.339) |
| Steine-Keramik, Glas | 21 | (8.850) | 3 | (1.040) | 3 | (1.040) |
| Chemie | 20 | (8.369) | 7 | (5.225) | 7 | (5.225) |
| Papier | 17 | (5.804) | 5 | (2.518) | 7 | (3.408) |
| Sägeindustrie, Holzverarbeitung | 16 | (4.514) | 2 | (340) | 2 | (340) |
| Nahrungs- und Genußmittel | 16 | (8.600) | 4 | (1.773) | 4 | (1.773) |
| Textilindustrie | 22 | (11.171) | 10 | (6.370) | 10 | (6.370) |
| Bekleidung und Leder | 30 | (11.396) | 6 | (4.233) | 6 | (4.233) |
| Maschinenindustrie | 52 | (50.861) | 23 | (39.528) | 24 | (40.058) |
| Fahrzeugindustrie | 10 | (21.935) | 4 | (19.530) | 4 | (19.530) |
| Eisen- und Metallwaren | 30 | (15.225) | 10 | (7.283) | 12 | (7.627) |
| Elektroindustrie | 48 | (42.279) | 29 | (38.724) | 33 | (38.965) |
| Graphisches Gewerbe | 10 | (3.064) | 4 | (1.768) | 5 | (1.968) |
| Industrie insgesamt | 304 | (248.214) | 112 | (181.921) | 122 | (184.126) |

Q: WIFO-Sonderbefragung Mikroelektronik, WIFO-Investitionstest, Interviews.

für die automatische Steuerung komplizierter Abläufe eingesetzt. In den metallverarbeitenden Branchen findet sich die Mikroelektronik vor allem in den numerisch gesteuerten Werkzeugmaschinen. Auch im Bereich der Textil- und Bekleidungsindustrie lassen sich mit Hilfe der Mikroelektronik in nennenswertem Umfang Produktionsabläufe automatisieren. Prüf- und Meßgeräte mit Mikroelektronik sind in der Elektroindustrie weit verbreitet. Im graphischen Gewerbe hat die Mikroelektronik mit der Umstellung auf den Lichtsatz Einzug gehalten.

## 4.5 Investitionsaufwand in Zusammenhang mit der Umstellung auf Mikroelektronik

Die schriftliche Unternehmensbefragung hat einige brauchbare Hinweise auf die Größenordnung des Investitionsaufwands in Zusammenhang mit der Umstellung auf Mikroelektronik geliefert. Auswertbare Meldungen von insgesamt 45 Firmen, die ihre Produkte bzw. ihre Produktion auf Mikroelektronik umgestellt haben, zeigen, daß der Anteil der Investitionen für Mikroelektronik an den gesamten Brutto-Anlageinvestitionen in den vergangenen Jahren

*Übersicht 4.13*

### Investitionsaufwand der Industrie im Zusammenhang mit der Umstellung auf Mikroelektronik

| | Zahl der meldenden Firmen | Investitionen insgesamt[1] | Investitionen für Mikroelektronik[2] | |
|---|---|---|---|---|
| | | Mill. S | Mill. S | Anteil an den Investitionen insgesamt in % |
| **In den Jahren bis 1979[3]** | | | | |
| *Gruppe A* | | | | |
| Firmen mit Mikroelektronik im eigenen Produkt .................... | 11 | 1.074 | 99 | 9,2 |
| *Gruppe B* | | | | |
| Firmen mit Mikroelektronik im Produktionsprozeß .................... | 34 | 4.197 | 200 | 4,8 |
| Summe.................................... | 45 | 5.271 | 299 | 5,7 |
| **Für 1980 vorgesehen** | | | | |
| *Gruppe A* | | | | |
| Firmen mit Mikroelektronik im eigenen Produkt .................... | 6 | 195 | 36 | 18,5 |
| *Gruppe B* | | | | |
| Firmen mit Mikroelektronik im Produktionsprozeß .................... | 14 | 218 | 18 | 8,3 |
| Summe.................................... | 20 | 413 | 54 | 13,1 |

Q: WIFO-Sonderbefragung Mikroelektronik, WIFO-Investitionstest. — [1] Brutto-Sachanlageinvestitionen. — [2] Laut Firmenangaben. — [3] Berücksichtigt wurden nur jene Jahre, in denen Investitionen für Mikroelektronik getätigt wurden.

durchschnittlich etwa 6% erreicht hat. Bei der Berechnung wurden nur jene Jahre berücksichtigt, in denen Investitionen für Mikroelektronik getätigt wurden. Bei der Mehrzahl der Firmen waren dies die Jahre seit 1975.

Firmen, die Mikroelektronik in ihren eigenen Produkten verwenden, melden einen deutlich höheren Mikroelektronik-Investititionsanteil (ca. 9%) als jene Firmen, die mikroelektronisch ausgerüstete Geräte zu Produktionszwecken einsetzen (ca. 5%).

In beiden Firmengruppen ist zu beobachten, daß der Aufwand für Mikroelektronik-Investitionen 1980 anteilsmäßig deutlich über dem Durchschnitt der vergangenen Jahre liegt (siehe auch Übersicht 4.13).

Im Rahmen der mündlichen Interviews wurde von den befragten Firmen wiederholt festgestellt, daß es sich bei der Umstellung auf Mikroelektronik typischerweise um einen mehrjährigen Prozeß handelt bzw. überhaupt um eine schwer zu datierende kontinuierliche Veränderung. Diese Meinung wurde durch die Ergebnisse der schriftlichen Befragung insofern bestätigt, als Mikroelektronik-Investitionen rückblickend immer für einen Zeitraum von mehreren Jahren gemeldet wurden. Eine Ausnahme stellen nur jene Firmen dar, bei denen die Umstellung gerade erst begonnen hat.

Ein bis 1985 steigender Anteil von Mikroelektronik-Investitionen ist auch auf Grund der Beobachtung plausibel, daß ein größerer Anteil der meldenden Firmen „erhebliche Veränderungen" durch die Umstellung auf Mikroelektronik erwartet.


## 4.6 Mikroelektronik im Bürobereich — Bildschirmarbeitsplätze

Der Einsatz von EDV im Büro- und Verwaltungsbereich von Industriebetrieben ist stark verbreitet. Im Rahmen der schriftlichen Befragung meldeten insgesamt nur 15% bis 20% der Firmen, daß keine EDV eingesetzt wird. Allerdings zeigte sich, daß dieser Anteil mit ca. 35% in der Firmengruppe ohne Mikroelektronikanwendung höher ausfiel als in den beiden Anwenderfirmengruppen.

Der Einsatz von EDV an sich sagt noch nicht allzu viel über die Verbreitung der Mikroelektronik im Bürobereich, gegebenenfalls auch Produktionsbereich aus. Typisch für die moderne Mikroelektronik sind EDV-Konfigurationen mit sogenannter „dezentraler Intelligenz", d. h. mit Ein- bzw. Ausgabengeräten, die es dem Benützer gestatten, im Dialogverkehr mit einem zentralen Rechner und/oder anderen peripheren Geräten zu kommunizieren. Die Verbreitung von Bildschirmgeräten ist mit der Verbreitung von dezentral organisierten EDV-Systemen ziemlich eng gekoppelt und dürfte somit in erster Annäherung eine brauchbare Variable zur Messung des Diffusionsgrads der Anwendung von Mikroelektronik im Bürobereich sein.

Anhand der Ergebnisse der schriftlichen Firmenbefragung läßt sich auch die Verbreitung von Bildschirmgeräten in der österreichischen Industrie abschätzen. Im erfaßten Bereich der Industrie (ohne Bergbau und Stahlindustrie) waren 1979 schätzungsweise 2.900 Bildschirmgeräte vorhanden. Die Zahl der Bildschirmgeräte wird nach den Firmenangaben bis 1985 mit durchschnittlich ca. 20% pro Jahr wachsen. Für 1980 ist mit über 4.700 Bildschirmgeräten zu rechnen, 1985 werden es voraussichtlich ca. 8.500 sein.

Dementsprechend steigt auch die Bildschirmgerätedichte bzw. sinkt die Zahl der Beschäftigten pro Bildschirmgerät in der Industrie. Im Jahr 1979 kamen 209 Industriebeschäftigte auf ein Bildschirmgerät, 1980 werden es ca. 125 und 1985 nur mehr ca. 70 sein.

Die größte Bildschirmgerätedichte ist in den Branchen Chemie-, Papier-, Maschinen-, Elektroindustrie und im graphischen Gewerbe festzustellen. In diesen Branchen kommen 1980 bereits weniger als 100 Beschäftigte auf ein Bildschirmgerät (siehe auch Übersicht 4.14).

*Übersicht 4.14*

**Bildschirmgerätedichte in der österreichischen Industrie**

|  | Zahl der Beschäftigten (1979) pro Bildschirmgerät | | |
|---|---|---|---|
|  | 1979 | 1980 | 1985 |
| Steine-Keramik | 1.478 | 296 | 246 |
| Glas | — | — | — |
| Chemie | 153 | 91 | 63 |
| Papier | 220 | 93 | 51 |
| Säge | — | — | 43 |
| Holz | 351 | 351 | 351 |
| Nahrungs- und Genußmittel | 246 | 152 | 52 |
| Leder | 165 | 126 | 113 |
| Gießereien | 195 | 163 | 109 |
| NE-Metalle | 722 | 181 | 90 |
| Maschinen | 162 | 84 | 51 |
| Fahrzeuge | — | — | — |
| Eisen- und Metallwaren | 235 | 135 | 85 |
| Elektro | 109 | 79 | 42 |
| Textil | 308 | 208 | 105 |
| Bekleidung | 288 | 178 | 156 |
| Graphisches Gewerbe | 142 | 90 | 57 |
| Summe | 209 | 127 | 71 |

Q: Firmenbefragungen.

## 4.7 Auswirkungen der Mikroelektronik auf die Arbeitsproduktivität

Ein Teil der befragten Firmen (72 Firmen mit insgesamt 34.318 Beschäftigten im Jahr 1979) hat Beschäftigten- und Umsatzprognosen für das Jahr 1985 abgegeben. In Summe erwarten diese Firmen für die Periode 1979 bis 1985 einen Beschäftigtenzuwachs von 4,5% und ein Umsatzwachstum (zu konstanten Preisen 1979) von 30,3%. Dies ergibt eine jährliche Steigerung der realen Arbeitsproduktivität (Umsätze je Beschäftigten) von durchschnittlich 3,7%. Diese Steigerungsrate entspricht ziemlich genau jenem Wert, der für die gesamte Industrie zwischen 1971 und 1979 beobachtet werden konnte: sie liegt jedoch unter dem langfristigen Trend (1955 bis 1979) von 4,5%.

Erste Hinweise auf die Dimension der produktivitätssteigernden Wirkungen der Mikroelektronik liefert ein Vergleich der prognostizierten mit den bisherigen Produktivitätsentwicklungen, gegliedert nach den Mikroelektronik-Verwendergruppen (siehe Übersicht 4.19).

Die Gruppe von Firmen, welche die Mikroelektronik in den eigenen Produkten einsetzt, erwartet eine Beschleunigung des jährlichen Produktivitäts-

*Übersicht 4.15*

### Beschäftigungs- und Umsatzprognose der Unternehmer für 1985
(Gleiche Masse)

| | Zahl der Firmen | Beschäftigte | | | Umsätze | | |
|---|---|---|---|---|---|---|---|
| | | 1979 | 1985 | Veränderung 1979/1985 | 1979 | 1985 | Veränderung 1979/1985 |
| | | Stand | | in % | Mill. S zu Preisen 1979 | | in % |
| Steine-Keramik | 4 | 1.216 | 1.225 | 0,7 | 870 | 1.180 | 35,6 |
| Glas | — | — | — | — | — | — | — |
| Chemie | 5 | 3.863 | 4.062 | 5,2 | 7.135 | 9.190 | 28,8 |
| Papier | 5 | 2.994 | 2.950 | — 1,5 | 3.144 | 4.034 | 28,3 |
| Säge | 1 | 50 | 41 | —18,0 | 65 | 85 | 30,8 |
| Holz | 1 | 290 | 290 | 0 | 140 | 200 | 42,9 |
| Nahrungs- und Genußmittel | 4 | 1.574 | 1.557 | — 1,1 | 1.897 | 2.280 | 20,2 |
| Leder | 1 | 1.051 | 1.085 | 3,2 | 500 | 600 | 20,0 |
| Gießereien | 1 | 830 | 780 | — 6,0 | 520 | 600 | 15,4 |
| NE-Metalle | 2 | 600 | 580 | — 3,3 | 604 | 660 | 9,3 |
| Maschinen | 13 | 9.443 | 10.119 | 7,2 | 5.908 | 8.370 | 41,7 |
| Fahrzeuge | 1 | 100 | 120 | 20,0 | 40 | 60 | 50,0 |
| Eisen- und Metallwaren | 9 | 3.761 | 4.130 | 9,8 | 2.565 | 3.530 | 37,6 |
| Elektro | 13 | 5.076 | 5.336 | 5,1 | 3.239 | 3.955 | 22,1 |
| Textil | 5 | 1.378 | 1.461 | 6,0 | 738 | 955 | 29,4 |
| Bekleidung | 4 | 859 | 903 | 5,1 | 299 | 390 | 30,4 |
| Graphisches Gewerbe | 3 | 1.233 | 1.234 | 0,1 | 775 | 973 | 25,5 |
| Summe | 72 | 34.318 | 35.873 | 4,5 | 28.439 | 37.062 | 30,3 |

**Beschäftigungsprognose der Unternehmer für 1985**
(Gegliedert nach Mikroelektronik-Verwender- und Beschäftigtenkategorien)

| | Zahl der Firmen | Beschäftigte 1979 | | Beschäftigte 1985 | | | |
| --- | --- | --- | --- | --- | --- | --- | --- |
| | | Produktion | Büro | Produktion | Veränderung 1979/1985 in % | Büro | Veränderung 1979/1985 in % |
| *Kategorie A* <br> Mikroelektronik im Produkt ....... | 14 | 6.796 | 3.065 | 7.005 | 3,1 | 3.183 | 3,8 |
| *Kategorie B* <br> Mikroelektronik im Produktionsprozeß .......... | 42 | 15.141 | 5.114 | 15.777 | 4,2 | 5.261 | 2,9 |
| *Kategorie C* <br> keine Mikroelektronik im Produkt und Produktionsprozeß ......... | 15 | 2.782 | 1.320 | 3.150 | 13,2 | 1.377 | 4,3 |
| Summe......................... | 71 | 24.719 | 9.499 | 25.932 | 4,9 | 9.821 | 3,4 |



**Umsatzprognose der Unternehmer für 1985**
(Gegliedert nach Mikroelektronik-Verwenderkategorien)

| | Zahl der Firmen | Umsätze | | | |
| --- | --- | --- | --- | --- | --- |
| | | zu Preisen 1979 | | Veränderung 1979/1985 | Durchschnittliche jährliche Veränderung |
| | | 1979 | 1985 | | |
| | | Mill. S | | in % | |
| *Kategorie A* <br> Mikroelektronik im Produkt .......... | 14 | 5.639 | 7.570 | 34,2 | 5,0 |
| *Kategorie B* <br> Mikroelektronik im Produktionsprozeß ............. | 42 | 18.881 | 24.082 | 27,5 | 4,1 |
| *Kategorie C* <br> keine Mikroelektronik im Produkt und Produktionsprozeß ............ | 15 | 3.879 | 5.350 | 37,9 | 5,5 |
| Summe......................... | 71 | 28.399 | 37.002 | 30,3 | 4,5 |



**Erwartungen der Unternehmer zur Beschäftigungsentwicklung 1979 bis 1985**

| | Zahl der Firmen | Beschäftigung 1985 im Vergleich zu 1979 | | | | | | | | |
| --- | --- | --- | --- | --- | --- | --- | --- | --- | --- | --- |
| | | Produktion | | | Büro | | | Insgesamt | | |
| | | größer | gleich | kleiner | größer | gleich | kleiner | größer | gleich | kleiner |
| | | | | | Zahl der Meldungen | | | | | |
| *Kategorie A* <br> Mikroelektronik im Produkt.............. | 14 | 8 | 2 | 4 | 8 | 3 | 3 | 9 | 2 | 3 |
| *Kategorie B* <br> Mikroelektronik im Produktionsprozeß ...... | 44 | 24 | 4 | 16 | 21 | 15 | 8 | 25 | 2 | 17 |
| *Kategorie C* <br> keine Mikroelektronik im Produkt und Produktionsprozeß ......... | 22 | 13 | 7 | 2 | 6 | 12 | 4 | 15 | 4 | 3 |
| Summe ................... | 80 | 45 | 13 | 22 | 35 | 30 | 15 | 49 | 8 | 23 |

**Entwicklung der Arbeitsproduktivität**
(Umsätze je Beschäftigten, zu konstanten Preisen)

| | Zahl der Firmen | Durchschnittliche jährliche Veränderung | | |
| --- | --- | --- | --- | --- |
| | | 1970/1979 (beobachtet) | 1979/1985 (erwartet) | Differenz zwischen den Vergleichsperioden |
| | | in % | | in Prozentpunkten |
| *Gruppe A* Firmen mit Mikroelektronik im eigenen Produkt .............. | 14 | 3,8 | 4,3 | +0,5 |
| *Gruppe B* Firmen mit Mikroelektronik im Produktionsprozeß ........... | 36 | 3,1 | 3,3 | +0,2 |
| *Gruppe C* Firmen ohne Mikroelektronik ....... | 13 | 3,6 | 3,4 | —0,2 |
| Summe..................... | 63 | 3,5 | 3,6 | +0,1 |

Q: WIFO-Investitionstest, Firmenbefragungen.

wachstums von 0,5 Prozentpunkten (+4,3% für 1979 bis 1985 nach +3,8% für 1970 bis 1979). Die Gruppe von Firmen, welche mikroelektronische Geräte etc. im Produktionsprozeß einsetzt, rechnet mit einer nur geringfügigen Zunahme des Produktivitätswachstums (+3,3% für 1979 bis 1985 nach +3,1% für 1970 bis 1979). Hingegen prognostizierten jene Firmen, die keine Mikroelektronik im Produkt und im Produktionsprozeß verwenden, einen leichten Rückgang des Produktivitätswachstums von +3,6% (1970 bis 1979) auf +3,4% (1979 bis 1985).

Aus den unterschiedlichen Veränderungen in der Produktivitätsentwicklung der drei Firmengruppen könnte ein produktivitätssteigernder Effekt der Mikroelektronik in der Größenordnung von 0,4% bis 0,7% pro Jahr abgeleitet werden.

Die Ergebnisse der mündlichen und schriftlichen Firmenbefragungen erlauben es auch unter bestimmten Annahmen die arbeitsparenden Effekte der Mikroelektronik nach verschiedenen Komponenten gegliedert abzuschätzen. Unter der Annahme k o n s t a n t e r Produktion wurden die arbeitsparenden Effekte separat geschätzt, nämlich Effekte durch

— Umstellung der Produkte auf Mikroelektronik in der Geräteindustrie (entspricht im wesentlichen der „Verringerung der Fertigungstiefe" durch den Wegfall mechanischer, elektromechanischer und anderer Bauteile und Baugruppen),

— Umstellung auf mikroelektronisch ausgerüstete Geräte, Maschinen und Anlagen in den Produktionsprozessen,

— Einsatz mikroelektronischer Geräte im Bürobereich („Büroautomatisierung").

Für alle Schätzungen wurde im Prizip der gleiche Ansatz gewählt: Die arbeitsparenden Effekte, gemessen in Prozent der Gesamtbeschäftigung, ergeben sich aus dem Produkt von „interfirm diffusion" und „intrafirm diffusion" (siehe dazu Abschnitt 4.3) mit einer meist technisch-betriebswirtschaftlich definierten Produktivitätssteigerung. Diese wurde anhand von Herstellerangaben, Ergebnissen von Fallstudien und Expertengesprächen sowie von Kennzahlen aus der Literatur zunächst für konkrete Anwendungsfälle abgeschätzt und womöglich zu branchenspezifischen Durchschnittswerten verarbeitet. Diese Art des Schätzansatzes stützt sich wegen der nicht immer explizit zu machenden Annahmen auch auf eine Reihe von bloßen Plausibilitätsüberlegungen.

Hauptziel der Schätzungen war es, einerseits die Größenordnung der arbeitsparenden Effekte auf möglichst disaggregierte Weise und unabhängig von den oben erwähnten Globalschätzungen abzutasten, und andererseits jene Informationen zu liefern, die im Rahmen des Input-Output-Modells des Institutes für sozio-ökonomische Entwicklungsforschung weiter verarbeitet werden können.

Bei konstantem Produktionsniveau führt die Umstellung auf Mikroelektronik bei den Produkten der Geräteindustrie in der Zeit von 1979 bis 1985 zu einem geschätzten arbeitsparenden Effekt von insgesamt ca. 1% (0,2% p. a.), gemessen an der Gesamtbeschäftigung in der Geräteindustrie (siehe Übersicht 4.20).

Der steigende Einsatz von mikroelektronisch ausgestatteten Geräten, Maschinen und Anlagen zur Automatisierung der Produktion reduzierte den Arbeitsbedarf von 1979 bis 1985 schätzungsweise um insgesamt 10% (ca. 1,5% p. a.) gemessen an der Gesamtbeschäftigung der Industrie. Allerdings traten auch schon vor 1979 erhebliche arbeitsparende Effekte aus diesem Grund ein (siehe Übersicht 4.21).

Bei der Schätzung der arbeitsparenden Effekte, die im Wege der Büroautomatisierung auftreten, wurde aus den früher erwähnten Gründen (siehe Abschnitt 5.6) als Maß der „intrafirm diffusion" die Bildschirmdichte (Zahl der Bildschirme je 100 Bürobeschäftigte) herangezogen. Der Anteil der automatisierungsgeeigneten Bürotätigkeit und typische Kennzahlen der Produktivitätssteigerung waren grundsätzlich aus der Literatur bekannt[17]). Demnach betrage das Automatisierungspotential der überschaubaren Technologien (Zeithorizont 10 bis 15 Jahre) im Bereich der Industrie durchschnittlich ca. 25% der Bürotätigkeiten. Auf Grund des branchenweise unterschiedlichen Anteils von Beschäftigten im Bürobereich ergeben sich für die einzelnen Branchen auch unterschiedliche potentielle Einsparungseffekte bezogen auf

*Übersicht 4.20*

**Reduktion des Arbeitsinputs durch Umstellung der Produkte auf Mikroelektronik in der Geräteindustrie**

| Wirtschaftsklassen | | Beschäftigtengrößenklassen | Anteil der mikroelektronik-relevanten Produktion | | Anteil der Beschäftigung in der Produktion | Durchschnittliche Reduktion im Arbeitsaufwand durch Mikroelektronik | Reduktion im Arbeitsinput durch Einsatz von Mikroelektronik | | |
|---|---|---|---|---|---|---|---|---|---|
| | | | 1979 | 1985 | 1979 = 1985 | | 1979 | 1985 | |
| | | | in % | | in % | | in % der Gesamtbeschäftigung | | |
| 56/57 | Elektrotechnik | bis 9 | 2,5 | 6,4 | | | 0,33 | 0,83 | |
| | | 10 bis 99 | 14,0 | 24,0 | | | 1,82 | 3,12 | |
| | | 100 bis 999 | 16,0 | 31,5 | | | 2,08 | 4,10 | |
| | | 1.000 und mehr | 28,5 | 50,0 | | | 3,71 | 6,50 | |
| | | Summe | | | 65 | 20 | 2,75 | 5,00 | |
| 54/55 | Maschinenbau | bis 99 | 0 | 0 | | | 0 | 0 | |
| | | 100 bis 999 | 6,0 | 17,5 | | | 0,42 | 1,23 | |
| | | 1.000 und mehr | 24,0 | 48,0 | | | 1,68 | 0,63 | 3,36 | 1,58 |
| | | Summe | | | 70 | 10 | 0,40 | 1,00 | |
| 58 | Fahrzeugbau | bis 99 | 0 | 0 | | | 0 | 0 | |
| | | 100 bis 999 | 0 | | | 0 | p,10,06 | | |
| | | 1.000 und mehr | 0 p,1 6,0 40,0 | | | 0 | 0,40 | 0,25 | |
| | | Summe | | | 50 | 2 | 0 | 0,12 | |
| 53 + 59 | Eisen- und Metallwaren, Feinmechanik | bis 99 | 0 | 0 | | | 0 | 0 | |
| | | 100 und mehr | 5,0 | 10,5 | | | 0,40 | 0,84 | |
| | | Summe | | | 80 | 10 | 0,21 | 0,45 | |
| 53 bis 59 | Summe Geräteindustrie | | | | | | 0,91 | 1,77 | |

Q: Firmenbefragungen, Betriebszählung 1976, Expertengespräche.

## Reduktion des Arbeitsinputs der Industrie durch Umstellung auf Mikroelektronik im Produktionsverfahren

| | Anteil der Anwenderfirmen | | Anteil der Beschäftigten in der Produktion | von Mikroelektronik betroffen | | Durchschnittliche Steigerung der Produktivität durch Mikroelektronik | Reduktion des Arbeitsinputs | | Gesamtbeschäftigung |
|---|---|---|---|---|---|---|---|---|---|
| | 1979 | 1985 | 1979 = 1985 | 1979 | 1985 | 1979 = 1985 | 1979 | 1985 | Differenz 1979/1985 in Prozentpunkten |
| | | | in % der Gesamtbeschäftigten | | | Faktor | in % | | |
| Bergbau | 0 | 10 | 70 | 0 | 10 | 2 | 0 | 1,4 | 1,4 |
| Erdöl | 90 | 90 | 60 | 5 | 10 | 2 | 5,4 | 10,8 | 5,4 |
| Eisenhütten | 60 | 80 | 70 | 10 | 20 | 2 | 8,4 | 22,4 | 14,0 |
| NE-Metalle | 40 | 40 | 80 | 10 | 20 | 2 | 6,4 | 12,8 | 6,4 |
| Gießereien | 30 | 30 | 80 | 10 | 20 | 2 | 4,8 | 9,6 | 4,8 |
| Steine-Keramik | 15 | 15 | 60 | 10 | 20 | 2 | 1,8 | 3,6 | 1,8 |
| Glas | — | — | — | — | — | — | — | — | — |
| Chemie | 60 | 60 | 55 | 20 | 30 | 1,5 | 7,0 | 10,6 | 3,6 |
| Papier | 40 | 60 | 85 | 20 | 30 | 1,5 | 10,2 | 15,3 | 5,1 |
| Sägeindustrie, Holzverarbeitung | 5 | 10 | 75 | 20 | 30 | 1,5 | 1,1 | 3,4 | 2,3 |
| Nahrungs- und Genußmittel | 20 | 20 | 55 | 20 | 30 | 2 | 4,4 | 6,6 | 2,2 |
| Textil | 55 | 60 | 85 | 30 | 40 | 1,5 | 21,0 | 30,6 | 9,6 |
| Leder | 20 | 20 | 85 | 20 | 30 | 1,5 | 5,1 | 7,7 | 2,6 |
| Bekleidung | 50 | 50 | 90 | 20 | 30 | 1,5 | 13,5 | 20,3 | 6,8 |
| Maschinen | 75 | 80 | 70 | 30 | 40 | 1,3 | 20,5 | 29,1 | 8,6 |
| Fahrzeuge | 90 | 90 | 50 | 10 | 20 | 1,5 | 6,8 | 13,6 | 6,8 |
| Eisen- und Metallwaren | 45 | 50 | 80 | 10 | 20 | 1,5 | 5,4 | 12,0 | 6,6 |
| Elektro | 90 | 90 | 65 | 30 | 50 | 1,5 | 26,3 | 43,9 | 17,6 |
| Graphisches Gewerbe | 55 | 65 | 85 | 20 | 30 | 2 | 18,7 | 33,2 | 14,5 |
| Summe bzw. Arithmetisches Mittel | 70 | 75 | 70 | 20 | 30 | 1,7 | 16,7 | 26,8 | 10,1 |

Q: Firmenbefragungen, Expertengespräche.

**Büroautomation im Bereich der Industrie**

| | Rationalisierungspotential | | |
| | insgesamt[1] | davon ausgenützt[2] | |
| | | 1979 | 1985 |
| | in % der Gesamt-beschäftigung | in % des Gesamtpotentials | |
|---|---|---|---|
| Bergbau | 8 | 5 | 6 |
| Erdöl | 10 | 6 | 16 |
| Eisenhütten | 8 | 9 | 25 |
| NE-Metalle | 5 | 8 | 68 |
| Gießereien | 5 | 32 | 56 |
| Steine-Keramik | 10 | 2 | 12 |
| Glas | 8 | — | — |
| Chemie | 11 | 18 | 43 |
| Papier | 4 | 35 | (100) |
| Sägeindustrie, Holzverarbeitung | 6 | 13 | 25 |
| Nahrungs- und Genußmittel | 11 | 11 | 53 |
| Textil | 4 | 25 | 70 |
| Leder | 4 | 45 | 68 |
| Bekleidung | 3 | 37 | 63 |
| Maschinen | 8 | 24 | 74 |
| Fahrzeuge | 13 | — | — |
| Eisen- und Metallwaren | 5 | 26 | 70 |
| Elektro | 9 | 30 | 79 |
| Graphisches Gewerbe | 4 | 53 | (100) |
| Industrie insgesamt | 8 | 18 | 53 |

[1] Laut Siemens (Bürostudie) beträgt das Automatisierungspotential der Bürotätigkeiten im Bereich der Industrie im Durchschnitt ca. 25%. — [2] Auf Grund der Verbreitung von Bildschirmgeräten geschätzt (Unternehmerangaben).

die Gesamtbeschäftigung. Der auf Grund der österreichischen Industriestruktur mögliche Einsparungseffekt liegt bei rund 8% (siehe Übersicht 4.22). Schätzungsweise wurde bereits bis einschließlich 1979 ca. ein Fünftel dieses Rationalisierungspotentials ausgeschöpft; bis 1985 wird schätzungsweise ca. die Hälfte ausgenützt werden können. Dies entspräche — immer bei konstantem Output im Bürobereich — einem arbeitsparenden Effekt von insgesamt nicht ganz 3% (ca. 0,5% p. a.) der Gesamtbeschäftigung in der Industrie (siehe Übersicht 4.23).

Mit allem Vorbehalt läßt sich aus den Teilergebnissen ein totaler arbeitsparender Effekt der Mikroelektronik im Bereich der österreichischen Industrie in der Größenordnung von durchschnittlich 2% pro Jahr abschätzen. Dieser Wert stellt eine durchaus vertraute Größenordnung dar, die durch das zu erwartende Produktionswachstum und die Umschichtung zu arbeitsintensiven Sparten grundsätzlich als beherrschbar erscheint.

**Reduktion des Arbeitsinputs durch den Einsatz von Mikroelektronik-Geräten im Bürobereich**

| | Diffusionsgrad der Mikroelektronik Anteil des Bürobereichs | | Durchschnittliche Steigerung der Produktivität durch Mikroelektronik | Reduktion des Büroarbeitsinputs | | Anteil der Bürobeschäftigten | Reduktion des Arbeitsinputs | | |
|---|---|---|---|---|---|---|---|---|---|
| | 1979 | 1985 | 1979 = 1985 | 1979 | 1985 | 1979 = 1985 | 1979 | 1985 | Differenz 1979/1985 |
| | in % der Bildschirmarbeitsplätze insgesamt | | Faktor | in % der Bürobeschäftigten | | in % der Gesamtbeschäftigten | | | in Prozentpunkten |
| Bergbau | 0,4 | 0,6 | 4 | 1,2 | 1,8 | 30 | 0,4 | 0,5 | 0,1 |
| Erdöl | 0,5 | 1,3 | 4 | 1,5 | 3,9 | 40 | 0,6 | 1,6 | 1,0 |
| Eisenhütten | 0,8 | 2,2 | 4 | 2,4 | 6,6 | 30 | 0,7 | 2,0 | 1,3 |
| NE-Metalle | 0,7 | 5,6 | 4 | 2,1 | 16,8 | 20 | 0,4 | 3,4 | 3,0 |
| Gießereien | 2,6 | 4,6 | 4 | 7,8 | 13,8 | 20 | 1,6 | 2,8 | 1,2 |
| Steine-Keramik | 0,2 | 1,0 | 4 | 0,6 | 3,0 | 40 | 0,2 | 1,2 | 1,0 |
| Glas | — | — | 4 | — | — | — | — | — | — |
| Chemie | 1,5 | 3,5 | 4 | 4,5 | 10,5 | 45 | 2,0 | 4,7 | 2,7 |
| Papier | 3,0 | 13,1 | 4 | 9,0 | 39,3 | 15 | 1,4 | 5,9 | 4,5 |
| Sägeindustrie, Holzverarbeitung | 1,1 | 2,0 | 4 | 3,3 | 6,0 | 25 | 0,8 | 1,5 | 0,7 |
| Nahrungs- und Genußmittel | 0,9 | 4,3 | 4 | 2,7 | 12,9 | 45 | 1,2 | 5,8 | 4,6 |
| Textil | 2,2 | 6,3 | 4 | 6,6 | 18,9 | 15 | 1,0 | 2,8 | 1,8 |
| Leder | 4,0 | 5,9 | 4 | 12,0 | 17,7 | 15 | 1,8 | 2,7 | 0,9 |
| Bekleidung | 3,5 | 6,4 | 4 | 10,5 | 19,2 | 10 | 1,1 | 1,9 | 0,8 |
| Maschinen | 2,1 | 6,5 | 4 | 6,3 | 19,5 | 30 | 1,9 | 5,9 | 4,0 |
| Fahrzeuge | — | — | 4 | — | — | 50 | — | — | — |
| Eisen- und Metallwaren | 2,1 | 5,9 | 4 | 6,3 | 17,7 | 20 | 1,3 | 3,5 | 2,2 |
| Elektro | 2,6 | 6,8 | 4 | 7,8 | 20,4 | 35 | 2,7 | 7,1 | 4,4 |
| Graphisches Gewerbe | 4,7 | 11,7 | 4 | 14,1 | 35,1 | 15 | 2,1 | 5,3 | 3,2 |
| Industrie insgesamt | 1,6 | 4,7 | 4 | 4,8 | 14,1 | 30 | 1,4 | 4,2 | 2,8 |

Q: Firmenbefragungen, Expertengespräche.

# Anmerkungen

[1]) Siehe *W. Schenk:* Anwendungen, Verbreitung und Auswirkungen der Mikroelektronik in Österreich — Zwischenbericht I zur Studie des Österreichischen Institutes für Wirtschaftsforschung im Auftrag des Bundesministeriums für Wissenschaft und Forschung, Wien, November 1979.

[2]) Als Industrie gelten hier die Mitgliedfirmen der Sektion Industrie der Bundeskammer der gewerblichen Wirtschaft. Zur Berechnung des Repräsentationsgrads wurden die für den Investitionstest verwendeten statistischen Unterlagen herangezogen. Im Rahmen der schriftlichen Fragebogenaktion wurden 265 Firmen mit insgesamt 111.000 Beschäftigten (Repräsentationsgrad 18,5%) angeschrieben.

[3]) Definition nach dem Mackintosh Yearbook of West European Electronics Data 1979.

[4]) Irland und Schottland werden im genannten Mackintosh Yearbook nicht separat ausgewiesen.

[5]) Die angeführten Zuwachsraten wurden aus Unterlagen der Firma Siemens errechnet. Zu grundsätzlich ähnlichen Ergebnissen für den westeuropäischen Bauelementemarkt kommen die Projektionen 1977 bis 1982 im Mackintosh Yearbook 1979. Die Wachstumsdifferenzen sind hier allerdings weniger deutlich ausgeprägt.

[6]) Die Siemens Bauelemente OHG hat in Villach (Kärnten) mit einem Investitionsaufwand von ca. 400 Mill. S eine moderne Fabrik für monolithisch integrierte Halbleiterschaltungen in MOS-Technik errichtet. Die Produktion (zunächst MOS-Speicher und -Logik) ist mit Jahresende 1980 angelaufen. Früher wurden im Werk Villach hauptsächlich Dioden erzeugt und ICs montiert. Das gleichzeitig in Villach errichtete Entwicklungszentrum für Mikroelektronik, an dem Siemens zu 74,9% und die ÖIAG zu 25,1% beteiligt sind, ist in die dortige Halbleiterfabrik organisatorisch nicht eingebunden. Das Entwicklungszentrum hat direkten Zugang zum Know-How des Bauelementebereichs von Siemens München und hat die Aufgabe, Masken für integrierte Schaltungen sowie die dazugehörige Prüf- und Meßtechnik zu entwickeln.

[7]) Industrielle Kapazitäten zur Herstellung hybrider Dickschichtschaltungen wurden in Österreich bei der Firma Eumig in Wr. Neudorf aufgebaut und von dort zur Firma Schrack Elektrizitäts AG verlagert. Labormäßig wird die Herstellung von Hybridschaltungen (Dick- und Dünnschicht) am Institut für allgemeine Elektrotechnik der Technischen Universität Wien betrieben.

[8]) Die VOEST-Alpine führt seit Februar 1980 in Engerwitzdorf (Oberösterreich) als Zulieferer für IBM Metallbeschichtungen von Keramikträgerplättchen durch.

[9]) Fabriksabgabepreise bzw. Verrechnungspreise laut Definition des Produktionswertes der Industrie- und Gewerbestatistik (jeweils 1. Teil) des Österreichischen Statistischen Zentralamtes.

[10]) Siehe z. B. *H. Seidel:* Wachstum und Strukturwandel der Industrie, WIFO-Monatsberichte 2/1974; *K. Bayer:* Charakteristika der österreichischen Industriestruktur, WIFO-Monatsberichte 8/1978; *W. Schenk:* Technologiebedingte Strukturschwächen in der österreichischen Wirtschaft, in: Neue Technologien und Produkte für Österreichs Wirtschaft, Wien 1979; *G. Tichy:* Zahlungsbilanz- und beschäftigungsrelevante Strukturprobleme von Industrie und Gewerbe sowie Ansatzpunkte zu ihrer Überwindung, Gutachten im Auftrag des Bundesministeriums für Finanzen, Wien 1979; *W. Urban:* Arbeits- und Qualifikationsintensität der österreichischen Industriesparten, WIFO-Monatsberichte 4/1980; *H. Kramer:* Industrielle Strukturprobleme Österreichs, Wien 1980.

<sup>11</sup>) Durch die Aufnahme einer Mikrocomputerproduktion durch die Firma Philips im Elektronikwerk Wien wird sich ab 1980 der Anteil der Datentechnik an der Elektronik-Geräteproduktion Österreichs erhöhen.

<sup>12</sup>) Für Japans Produktion von Geräten der Unterhaltungselektronik wird ein durchschnittliches jährliches Wachstum von 8% bis 9% in der Periode 1978 bis 1985 prognostiziert (laut Siemens-Marktforschung).

<sup>13</sup>) Siehe dazu die beiden Zwischenberichte des Institutes für sozio-ökonomische Entwicklungsforschung der Österreichischen Akademie der Wissenschaften von Oktober 1979 und März 1980.

<sup>14</sup>) In den erfaßten 140 Firmen waren im Jahr 1979 durchschnittlich 931 Personen je Firma beschäftigt, in den 37 Anwenderfirmen des Jahres 1979 hingegen durchschnittlich 1.715 Personen pro Firma.

<sup>15</sup>) Siehe *Österreichisches Statistisches Zentralamt:* Statistik der gewerblichen Wirtschaft, Hauptergebnisse der nichtlandwirtschaftlichen Bereichszählungen 1976, 1. Teil, Beiträge zur österreichischen Statistik, Heft 502/1, Wien 1979.

<sup>16</sup>) Unter der Annahme konstanter Gewichte der Wirtschaftsklassen und Betriebsgrößenklassen (Basis: Betriebszählung 1976).

<sup>17</sup>) Siehe *H. Morgenbrod — H. Schwärtzel:* Informations- und Kommunikationstechnik verändern den Büroarbeitsplatz, data report 13/1978, Heft 6, sowie *A. Peisl:* Mit Geräten und Systemen der Informationstechnik zum „Rationellen Büro", data report 14/1979, Heft 1.

# 5. Makroökonomische Aspekte der Mikroelektronik

## 5.1 Makroökonomische Aspekte

### 5.1.1 EINLEITUNG

Die Analyse von Folgewirkungen des technischen Fortschritts läßt sich prinzipiell auf verschiedenen Aggregationsniveaus durchführen. Weitverbreitet und in der Öffentlichkeit wohl am populärsten dürfte die Methode der *Fallstudien* sein, bei der die Probleme, die in einem speziellen Betrieb auftreten, genauer untersucht werden. Fallstudien haben den Vorteil, sehr plastisch die Umstellungsschwierigkeiten darstellen zu können. Sie finden ihre Grenzen an der weitgehenden Ausblendung des wirtschaftlichen Umfelds und können im allgemeinen keine verbindlichen Aussagen für den Wirtschaftszweig liefern, dem der untersuchte Betrieb angehört.

*Branchenanalysen* vermeiden diesen Mangel. Sie sind weniger konkret als Fallstudien, der unmittelbare Zugang zum einzelnen Arbeitsplatz bleibt weitgehend versperrt. An Stelle einer direkten Befragung der Betroffenen treten oft Fragebogenerhebungen und/oder Statistiken, die von den einzelnen Fachverbänden und Fachgewerkschaften zur Verfügung gestellt werden. Mit diesen Instrumenten lassen sich Vergleiche zwischen den einzelnen Wirtschaftszweigen, aber auch internationale Vergleiche zwischen Branchen der gleichen Art durchführen. Die wechselseitige Verflechtung der einzelnen Wirtschaftszweige bleibt in derartigen Analysen jedoch offen. Ferner kann nicht festgestellt werden, ob etwa die in einem Wirtschaftszweig freigesetzten Arbeitskräfte in anderen Zweigen Beschäftigung finden.

*Input-Output-Modelle* berücksichtigen insbesondere die wechselseitigen Lieferströme zwischen den einzelnen Wirtschaftsbereichen. Sie ermöglichen eine widerspruchsfreie und übersichtliche Darstellung der einzelnen wirtschaftlichen Aktivitäten einer Volkswirtschaft. Input-Output-Modelle erlauben es, bei gegebener Endnachfrage (Konsum, Investitionen, Exporte minus Importe) die Brutto-Produktionswerte (Umsätze) der einzelnen Branchen zu errechnen.

Mit Hilfe von sogenannten Arbeitskoeffizienten (labour input coefficients), die die Zahl der Arbeitsstunden angeben, die zur Erzeugung von 1 Mrd. S Umsatz notwendig sind, kann man aus der Kenntnis der Endnachfrage und den jährlich zu leistenden Arbeitsstunden die zur Herstellung der Endnachfrage notwendigen Arbeitsplätze ermitteln. Keine Antwort gibt das Input-Output-Modell aber auf die Frage, wie die Endnachfrage bestimmt wird.

Der Berechnung der Zusammenhänge zwischen den wichtigsten Kenngrößen der Volkswirtschaftlichen Gesamtrechnung dienen *ökonometrische Nachfragemodelle,* die in der Regel von der Entstehung des Sozialproduktes abstrahieren, das heißt, keine oder nur sehr aggregierte Produktionsfunktionen besitzen. Ökonometrische Nachfragemodelle werden in Österreich vor allem zur Konjunkturprognose eingesetzt. Sie erlauben es je nach Detailliertheitsgrad, alle wichtigen ökonomischen Kenngrößen im Rahmen eines Gleichungssystems aus (teilweise nichtlinearen) Differenzengleichungen auszudrücken.

Das Forschungsteam des Institutes für sozio-ökonomische Entwicklungsforschung der Österreichischen Akademie der Wissenschaften betrat mit der Untersuchung makroökonomischer Folgen des technischen Fortschritts weitgehend wissenschaftliches Neuland, da weder im Inland noch im Ausland einschlägige Arbeiten existierten. Erst in jüngster Zeit fanden analoge Forschungsprojekte im Ausland ihren Abschluß. Den Mitgliedern des Forschungsteams schien es daher notwendig, die Fragen der Einführung und Folgewirkungen des technischen Fortschritts sowohl auf der Beobachtungsebene (durch direkte Interviews in betroffenen Betrieben) als auch durch theoretische Studien (in Form von institutsinternen Diskussionen mit Gästen aus dem In- und Ausland) genauer unter die Lupe zu nehmen. Um auch Probleme der Branchenanalyse kennenzulernen, wurden exemplarische Untersuchungen (bei Zeitungsherstellern[1]) und bei Banken und Versicherungen) durchgeführt. Aus der Synthese von Theorie und Empirie ging ein eigenständiger Modellansatz hervor, der es nunmehr gestattet, Daten und Informationen aus den verschiedensten Bereichen in einem einheitlichen Rahmen zusammenzustellen und für die Abschätzung von Aggregaten nutzbar zu machen.

Da Modelle prinzipiell nicht die Totalität, sondern nur bestimmte Ausschnitte der Wirklichkeit „erklären" können, die Randbedingungen, unter denen das Modell angewendet wird, jedoch offen bleiben, wurde die Methode der *Szenariotechnik* ausgewählt, mit deren Hilfe verschiedene Ausprägungen des sozio-ökonomischen Umfelds und des Inhalts wirtschaftspolitischer Entscheidungen verbal beschrieben werden. Die einzelnen Szenarien definieren die Randbedingungen, unter denen konkrete Werte der Parameter für ein quantitatives Simulationsmodell festgelegt werden.

## 5.1.2 MODELLSTRUKTUR

Bei der Interpretation von Simulationsergebnissen besteht die Gefahr, die Voraussetzungen, unter denen das Modell operiert, seine Beschränkungen,

aber auch seine Möglichkeiten falsch einzuschätzen. Zum Verständnis der
weiter unten angegebenen Resultate scheint es daher notwendig, die Grund-
struktur und die zentralen Mechanismen des verwendeten Modells anzuge-
ben, aber auch darauf hinzuweisen, welche Zusammenhänge zwar in der
Wirklichkeit wirksam sind, aber in das Modell aus den verschiedensten Gründen keinen Eingang gefunden haben und daher auch keinen Einfluß auf das
berechnete Ergebnis besitzen können.

Das Herzstück der verwendeten Methode (siehe Abbildung 5.1) besteht in
der Anwendung eines Input-Output-Modells der österreichischen Volkswirtschaft mit 26 Sektoren. Bei gegebener Endnachfrage, die auf die einzelnen
Sektoren aufgeteilt wird, läßt sich (über die Leontief-Inverse) der Vektor der
*Brutto-Produktionswerte* berechnen. Mit Hilfe einiger einfacher Erweiterungen ist es möglich, das Input-Output-Modell mit dem Arbeitsmarkt zu verknüpfen. Zu diesem Zweck werden die Brutto-Produktionswerte mit den
oben erwähnten *Arbeitskoeffizienten* multipliziert. Die Arbeitskoeffizienten
geben die Zahl der jährlich zu leistenden Arbeitsstunden in einem Sektor an,
mit deren Hilfe 1 Mrd. S Brutto-Produktionswert erzeugt wird. Die Arbeitskoeffizienten verhalten sich umgekehrt proportional zu den Stundenproduk-
tivitäten. Steigende Produktivität entspricht fallenden Arbeitskoeffizienten.

Aus den jährlichen *Arbeitsstunden* je Sektor werden unter Kenntnis der wöchentlichen Arbeitszeiten die *Beschäftigten* je Sektor berechnet. Sind die formale Qualifikationsstruktur, die Geschlechterproportion und das Verhältnis
von selbständiger zu unselbständiger Arbeit bekannt, können die Beschäftigtenzahlen (nach Qualifikation, Geschlecht und der Stellung im Erwerbsleben)
ermittelt werden.

Mit Hilfe der oben dargestellten Kette von Verknüpfungen läßt sich also bei
gegebener Endnachfrage, der Matrix der technischen Koeffizienten, der Arbeitsstundenkoeffizienten und der Arbeitszeit die Zahl der Arbeitsplätze ermitteln. Der Nachteil dieses Modells besteht bis dahin in der Annahme einer
konstanten Technologie, die sich in der Konstanz der technischen Koeffizienten und der Konstanz der Arbeitsstundenkoeffizienten äußert. Obwohl
man die obige Version des Modells als Bezugsbasis benützen kann, muß es
für die Darstellung der Veränderungen durch *technischen Wandel* weiter modifiziert werden.

Welche Eingriffsmöglichkeiten sind bei obigem Denkansatz prinzipiell denkbar? Die Wirkungen des technischen Wandels lassen sich auf drei Ebenen abbilden:
1. Eine Veränderung der *Arbeitsproduktivität* kann durch eine Veränderung
   der Arbeitsstundenkoeffizienten ausgedrückt werden,

2. eine Veränderung der *Vorleistungsstruktur* kann durch eine Veränderung der technischen Koeffizienten Berücksichtigung finden, und

3. etwaige Änderungen der *Endnachfrage,* seien es Änderungen bei Investitionen, Importen, Exporten oder Konsum, lassen sich prizipiell durch eine Veränderung des Niveaus und der Strukturkoeffizienten der Endnachfrage abbilden.

Die Veränderungen der oben erwähnten Indikatorengruppen (es handelt sich hiebei nicht nur um die Veränderung einer einzelnen Zahl, sondern um die Veränderung ganzer Vektoren oder Matrizen) sind im allgemeinen nicht voneinander unabhängig. Die gemeinsame Ursache der Veränderung dieser Größen liegt in der *Verbreitung* der neuen Technologie.

Zur Verdeutlichung soll ein einfaches Beispiel angeführt werden: Betrachten wir die Einführung von Textautomaten in die österreichische Wirtschaft innerhalb eines bestimmten Jahres. Die meisten dieser Textautomaten müssen importiert werden, einige von ihnen werden in Österreich erzeugt, vielleicht werden auch einige von ihnen exportiert. Nimmt man an, daß die Gesamthöhe der Investitionen mit bzw. ohne Textautomaten konstant bleibt, ändert sich zwar nicht die Höhe der Investitionen insgesamt, aber doch ihre Struktur. Die Investitionen der herkömmlichen Technologie müssen um einen bestimmten Betrag gekürzt werden, der den Ausgaben für Textprozessoren entspricht. Der gleiche Betrag erhöht den Wert der Investitionen, die in der Elektroindustrie als Endnachfrage anfallen. Nun kommt es darauf an, ob diese Investitionen eingeführt oder zur Gänze oder teilweise im Inland hergestellt werden. Werden sie zur Gänze importiert, müssen die Importe um den gesamten Investitionsbetrag reduziert werden, sodaß die im Inland wirksame Endnachfrage durch Mikroelektronik im Sektor Elektroindustrie keine direkte Veränderung erfährt. Die einzige Veränderung erfolgt durch die Reduktion herkömmlicher Investitionen, mit denen eine Reduktion der Importe im Ausmaß der durchschnittlichen Investitionsimportquotenhand inhand geht.

Eventuell spart man durch die neue Technologie auch Papier, wodurch bis zu einem gewissen Grad der Inputkoeffizient in der Zeile „Papierverarbeitung" und der Spalte der betrachteten Branche, die den Textautomaten anwendet, eine Reduktion erfahren wird.

Die neue Technologie beeinflußt aber nicht nur die Nachfrage. Sie erzeugt eine Veränderung der Produktivität der Bürokräfte, die sich in einer Veränderung der Arbeitsstundenkoeffizienten ausdrücken wird.

Zwei weitere Effekte sind denkbar: Wird durch die Benutzung von Textautomaten die Dienstleistung „Maschinschreiben" im Bereich „sonstige Dienste"

Abbildung 5.1

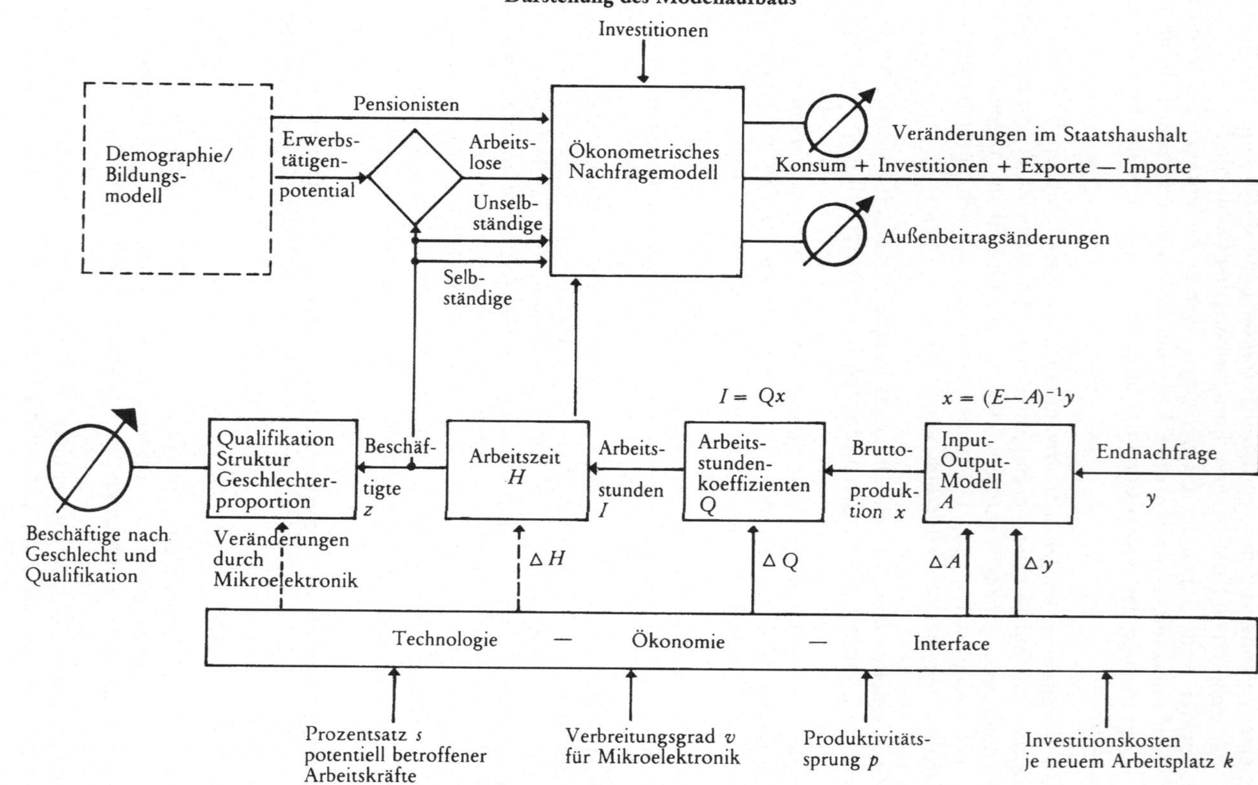

Darstellung des Modellaufbaus
Investitionen
Demographie/
Bildungs-
modell
Pensionisten
Erwerbs-
tätigen-
potential
Arbeits-
lose
Unselb-
ständige
Selb-
ständige
Ökonometrisches
Nachfragemodell
Veränderungen im Staatshaushalt
Konsum + Investitionen + Exporte — Importe
Außenbeitragsänderungen
Qualifikation
Struktur
Geschlechter-
proportion
Beschäftigte
z
Arbeitszeit
H
Arbeitsstunden
I
Arbeits-
stunden-
koeffizienten
Q
Brutto-
produktion x
Input-
Output-
Modell
A
Endnachfrage
y
I = Qx
x = (E—A)⁻¹y
Beschäftige nach Geschlecht und Qualifikation
Veränderungen durch Mikroelektronik
ΔH
ΔQ
ΔA
Δy
Technologie — Ökonomie — Interface
Prozentsatz s potentiell betroffener Arbeitskräfte
Verbreitungsgrad v für Mikroelektronik
Produktivitäts-
sprung p
Investitionskosten je neuem Arbeitsplatz k

billiger, und ergibt sich dadurch eine höhere Nachfrage, könnte das Modell diese Veränderungen wiederum in der Struktur der Endnachfrage abbilden. Auch wenn durch den erhöhten Import von Textautomaten die Nachfrage nach mechanischen Schreibmaschinen reduziert werden sollte, könnte das Modell diese Veränderungen als Veränderungen der Endnachfragestruktur wiedergegeben. Alle angeführten Veränderungen haben Auswirkungen auf die Zahl der Arbeitsplätze, die zur Befriedigung einer bestimmten Endnachfrage notwendig sind. Diese beiden Effekte können durch externe Parametervariation im Modell Berücksichtigung finden.

Durch ein einfaches mathematisches Verfahren[2]) lassen sich die Veränderungen in der Zahl der Arbeitsplätze auf die drei oben angeführten Veränderungsmöglichkeiten zurückführen. Durch einfache Matrixoperationen kommt man zu dem allgemeinen Ergebnis, daß die Veränderung in der Nachfrage nach Arbeitskräften (in der Regel wird dies gleichbedeutend mit Freigesetzten sein) in verschiedene *additive Teileffekte* verschiedener Ordnung aufgespalten werden kann: in einen
— Nachfrageeffekt,
— einen Vorleistungseffekt,
— einen Produktivitätseffekt und
— Kombinationseffekte, die sich als Effekte höherer Ordnung ergeben.

Für die Darstellung der Freisetzungseffekte nach ihrer Herkunft wurde ein Computerprogramm erstellt, das nach Eingabe der entsprechenden Parameterwerte automatisch die Analyse nach obigen Gesichtspunkten durchführt.


### 5.1.3 DIE VERBINDUNG ZWISCHEN TECHNOLOGIE UND ÖKONOMIE

Bisher wurden Veränderungen, die durch neue Technologien bewirkt werden, nur in sehr allgemeiner Art behandelt. Damit diese theoretischen Überlegungen fruchtbar werden, muß man sie mit der Realität in Verbindung bringen. Gerade an diesem Punkt ergeben sich üblicherweise große Schwierigkeiten. Es muß darauf hingewiesen werden, daß im vorgeschlagenen Modell nur ein Teil der vorhandenen mikroökonomischen Informationen verwendet wird. Weder können in diesem Rahmen die Gründung neuer Firmen, ihr Wachstum, der detaillierte Innovationsprozeß, Fusionen oder Zusammenbrüche, ihre Verbindungen zu ausländischen Konzernen, Finanzierungsprobleme, noch die Binnenstruktur einer Branche beschrieben werden. Alle diese Prozesse beeinflussen die Details des Vergehens und Entstehens von Arbeitsplätzen. Untersuchungen, die sich auf diese Problematik beziehen, müssen außerhalb des Modells abgehandelt werden. Das Modell berücksichtigt ausschließlich bestimmte abstrakte Aspekte von Technologien, eben solche, die mit den Parametern des Input-Output-Modells verknüpft werden können. Darüber hinaus lassen sich nur solche Parameter verändern, die indirekt mit der neuen Technologie zusammenhängen. So wird es von der Politik des Managements einer Firma abhängen, ob es an CNC-Maschinen überwiegend HTL-Absolventen oder Arbeitskräfte niedrigerer Qualifikation einsetzt. Auch eine durch die Einführung von Mikroelektronik ausgelöste Arbeitszeitpolitik der Gewerkschaften fällt unter diese Kategorie indirekter Effekte.

In unserem Rahmen ist „neue Technologie" untrennbar mit elektronischen Geräten verbunden, oder zumindest mit Geräten, die mikroelektronische Baueinheiten enthalten. Wie kann das Auftreten dieser Geräte in den einzelnen Branchen beschrieben werden, und welche Parameter sind zur Charakterisierung des Verbreitungsgrads und seiner Folgewirkungen notwendig? Die Fragen können relativ leicht für den Fall beantwortet werden, daß es einen durchschnittlichen Gerätetyp gibt (z. B. einen durchschnittlichen Textautomaten), der um einen bestimmten Durchschnittspreis auf dem Markt angeboten wird. Dann kann die Verbreitung der neuen Technologie leicht durch die Zahl der Geräte charakterisiert werden, die in der gesamten Wirtschaft im Einsatz stehen. Das Ausmaß der Mikroelektronikinvestitionen kann in diesem Fall einfach durch die Anzahl der in einem Jahr neu angeschafften Geräte, multipliziert mit ihrem Preis, bestimmt werden.

Wenn eine Schätzung über das Ausmaß der *Produktivitätssteigerung* gegenüber der herkömmlichen Technologie existiert, die auf eine bestimmte Gruppe von Beschäftigten bezogen ist, kann die Zahl der gefährdeten Arbeitsplätze pro Produktionswerteinheit näherungsweise berechnet werden. Da in der Regel nicht jeder Beschäftigte in einem bestimmten Sektor durch die neue Technologie betroffen sein wird, bezieht sich die Auswirkung nur auf eine besondere Art der Arbeit, auf besondere Berufe oder besondere Berufsgruppen. Daher schien es sinnvoll, die Beschäftigten eines bestimmten Sektors in zwei Gruppen aufzuteilen, in eine Gruppe der Nichtbetroffenen, und in eine Gruppe der potentiell Betroffenen.

Wir nennen den Markt für eine neue Technologie *gesättigt,* wenn der am Ende des Diffusionsprozesses verbleibende Teil der potentiell betroffenen Arbeitsplätze vollständig mit der neuen Technologie ausgerüstet ist.

In der Realität ist es nicht immer möglich, einen speziellen Gerätetyp, der dem Durchschnitt entspricht, zu identifizieren. Besonders schwierig wird die Abschätzung des Verbreitungsgrads etwa in einem großen Elektronikkonzern oder innerhalb eines Sektors der Volkswirtschaft, kurz, immer dort, wo ein Gemisch der unterschiedlichsten Geräte benützt wird. In diesem Fall kann man kaum auf die unmittelbare Beobachtung zurückgreifen, außer man treibt einen besonderen empirischen Aufwand. Hier wurde folgende Vorgangsweise eingeschlagen: Anstelle einer kleinen Gruppe von Beschäftigten, deren Arbeitsplätze mit einzelnen Geräten, deren Typ bekannt ist, ausgerüstet werden, behandelt man die Gesamtzahl der Beschäftigten (etwa im Produktionsbereich, oder im Bürobereich) als Bezugspunkt für Produktivitätsschätzungen. Neben der Schätzung von Experten über den Verbreitungsgrad innerhalb der Firmen wird auch eine Schätzung über die Verbreitung zwischen den Firmen notwendig. Aus der Kombination dieser Schätzungen kann neuerlich ein durchschnittlicher Verbreitungsgrad für die gesamte Branche errechnet werden. Es ist verständlich, daß auf diese Weise ein gewisses subjektives bzw. zufälliges Element nicht komplett vermieden werden kann.

Das Projektteam bemühte sich jedoch, den Zufallsfaktor so klein wie möglich zu machen, indem es mehr als 30 einschlägige Firmen in stundenlangen Interviews befragte, um eine bessere Einsicht in die tatsächlichen Veränderungsprozesse zu gewinnen. Wie die Berechnungen im einzelnen erfolgen, wird im nächsten Abschnitt dargestellt.


## 5.1.4  ABSCHÄTZUNG DER PARAMETERÄNDERUNGEN

Wie bereits oben erwähnt ist der *Verbreitungsgrad* einer neuen Technologie einer der zentralen Parameter, die bestimmt werden müssen. Es scheint sinnvoll, den Verbreitungsgrad so zu definieren, daß er vor Einführung der neuen Technologie den Wert Null, bei voller Verbreitung der neuen Technologie den Wert Eins erhält. Da sich innerhalb einer Branche die neue Technologie nur auf potentiell Betroffene beziehen kann, muß dieser Personenkreis als Prozentsatz der Beschäftigten einer Branche ebenfalls abgeschätzt werden:

$$ v = \frac{T' + F'}{P}, $$

wobei $v$ den Verbreitungsgrad, $T'$ die Zahl der innovierten Arbeitsplätze, $F'$ die Zahl der durch die Innovationen Freigesetzten, und $P$ die potentiell Betroffenen vor Einführung der neuen Technologie bedeuten. $v$ besitzt bei Sättigung den Wert 1. Zu seiner Berechnung benötigt man Daten aus zwei Zeitpunkten, vor und nach Einführung der Technologie. Mit dieser Definition wird im weiteren operiert.

Die Veränderung der *Arbeitskoeffizienten* kann auf folgende Art abgeleitet werden. Betrachtet man einen Wirtschaftszweig, der im Input-Output-Modell vorhanden ist, so bedeutet der Arbeitskoeffizient $q$ dieses Zweiges die

Anzahl von Arbeitsstunden, die für die Erzeugung von 1 Mrd. S Brutto-Produktionswert notwendig sind. Entsprechend der Wochenarbeitszeit ergeben sich daraus Beschäftigtenzahlen. Die Beschäftigten setzen sich aber nicht nur aus Personen zusammen, die von der neuen Technologie möglicherweise betroffen sind, sondern auch aus Berufs- oder Altersgruppen, auf die die neue Technologie keinerlei Einfluß hat. Auf Grund von Volkszählungsdaten oder anderen demographischen Erhebungen, die die einzelnen Berufsgruppenanteile angeben, kann der Prozentsatz $s$ der potentiell betroffenen Arbeitskräfte des betrachteten Wirtschaftszweigs berechnet werden. „Potentiell betroffen" bedeutet in diesem Zusammenhang entweder, daß der Arbeitsplatz innoviert wird, oder daß er überflüssig werden kann. Der Verbreitungsgrad $v$ gibt an, wie groß der Anteil der derart Betroffenen an den potentiell Betroffenen ist.

Als letzter Parameter, dessen Kenntnis für die Berechnung der Veränderung des Arbeitskoeffizienten notwendig ist, muß der *Produktivitätssprung* bestimmt werden. Die Werte können Befragungen bei Firmen oder auch dem Informationsmaterial der Hersteller neuer Technologien entnommen werden. Nun kann die Veränderung des Arbeitskoeffizienten $q$ in folgender Formel ausgedrückt werden:

$$\Delta q = qsv \left(\frac{1}{p} - 1\right)$$

Ist der Produktivitätssprung größer als 1, wird die Veränderung des Arbeitskoeffizienten negativ. Es werden also Arbeitskräfte eingespart.

Auf ähnliche Art kann die Veränderung eines *technischen Koeffizienten a* grob durch die Formel

$$\Delta a = asv (1 - r)$$

abgeschätzt werden, wobei $s$ den Anteil der potentiell betroffenen Inputs, $a$ den ursprünglichen Koeffizienten, $v$ den Verbreitungsgrad und $(1 - r)$ die Ersparnisrate bei der Benutzung der neuen Technologie bedeuten. $r$ könnte als Inverse des relativen Wirkungsgrads aufgefaßt werden und gibt den spezifischen Verbrauch in Prozent des Verbrauchs bei herkömmlicher Technologie an.

Zur Abschätzung der Komponenten der *Endnachfrage* kann einfach das Produkt aus Preis mal Anzahl der Geräte herangezogen werden, wenn man sich auf einen durchschnittlichen Gerätetyp festgelegt hat. Ist dieser durchschnittliche Gerätetyp nicht ersichtlich, werden wieder Expertenschätzungen notwendig.

Abbildung 5.1 zeigt die Zusammenhänge zwischen den hier bestimmten Parametern und dem bisher dargestellten Grundmodell. Es ist dabei zu beachten, daß die Parameterwerte nicht nur für jede der 26 Branchen, sondern auch für die verschiedenen Formen der Anwendung von mikroelektronischen Technologien bestimmt wurden. Veränderungen werden auf drei Ebenen betrachtet:
1. neue *Produktionsprozesse* im Bereich der materiellen Produktion,
2. Verwendung von Mikroelektronik in den *Produkten,* und
3. Einführung der Mikroelektronik im *Bürobereich.*

In den folgenden Übersichten sind die Annahmen über die einzelnen Parameter für die Jahre 1980, 1985 und 1990 zusammengestellt. Übersicht 5.1 ent-

Übersicht 5.1

### Annahmen über die Parameter bei Produkten und Produktionsprozessen

| | Anteil der Betroffenen | Produktivitätssprung | Verbreitungsgrad 1980 | 1985 | 1990 |
|---|---|---|---|---|---|
| | $s$ | $p$ | $v$ | $v$ | $v$ |
| *Produktionsprozesse* | | | | | |
| Land- und Forstwirtschaft | — | — | — | — | — |
| Bergbau, Steine | 0,68 | 2,0 | 0,0008 | 0,0236 | 0,0720 |
| Erdöl | 0,60 | 2,0 | 0,0857 | 0,1640 | 0,2350 |
| Glas | 0,60 | 2,0 | 0,0270 | 0,0500 | 0,0690 |
| Nahrungs- und Genußmittel | 0,55 | 2,0 | 0,0666 | 0,0920 | 0,1140 |
| Textilerzeugung | 0,85 | 1,5 | 0,2150 | 0,3000 | 0,3900 |
| Bekleidung | 0,89 | 1,5 | 0,1150 | 0,1640 | 0,2100 |
| Chemie | 0,55 | 1,5 | 0,1640 | 0,2350 | 0,3000 |
| Grundmetall | 0,73 | 2,0 | 0,0950 | 0,2200 | 0,3690 |
| Maschinen | 0,70 | 1,3 | 0,2680 | 0,3710 | 0,4800 |
| Metallwaren | 0,80 | 1,5 | 0,0640 | 0,1360 | 0,2150 |
| Elektroindustrie | 0,65 | 1,5 | 0,3520 | 0,5400 | 0,7000 |
| Fahrzeugindustrie | 0,50 | 1,5 | 0,1290 | 0,2450 | 0,3520 |
| Sägeindustrie | 0,75 | 1,5 | 0,0140 | 0,0390 | 0,0750 |
| Holzverarbeitung | 0,75 | 1,5 | 0,0140 | 0,0390 | 0,0750 |
| Papiererzeugung | 0,85 | 1,5 | 0,1090 | 0,2350 | 0,4000 |
| Papierverarbeitung | 0,85 | 2,0 | 0,1830 | 0,3000 | 0,4290 |
| Baugewerbe | — | — | — | — | — |
| Elektrizität, Gas-, Wasserversorgung | 0,23 | 2,0 | 0,0857 | 0,1640 | 0,2350 |
| Handel | 0,53 | 1,25 | 0,0010 | 0,0100 | 0,1000 |
| Verkehr, Nachrichtenübermittlung | 0,41 | 1,5 | 0,0000 | 0,0100 | 0,0200 |
| Banken, Versicherungen | — | — | — | — | — |
| Hotel-, Gastgewerbe | — | — | — | — | — |
| Sonstige Dienste | — | — | — | — | — |
| Wohnungswesen | — | — | — | — | — |
| Staat | — | — | — | — | — |
| *Produkte* | | | | | |
| Maschinen | 0,70 | 1,11 | 0,0550 | 0,1400 | 0,2630 |
| Metallwaren | 0,80 | 1,11 | 0,0310 | 0,0670 | 0,1160 |
| Elektroindustrie | 0,65 | 1,25 | 0,2780 | 0,4760 | 0,6790 |
| Fahrzeugindustrie | 0,50 | 1,02 | 0,0000 | 0,1870 | 0,3740 |

**Annahmen über die Parameter im Bürobereich**

| | Anteil der Betroffenen | Produktivitätssprung | Verbreitungsgrad 1980 | 1985 | 1990 |
|---|---|---|---|---|---|
| | $s$ | $p$ | $v$ | $v$ | $v$ |
| Land- und Forstwirtschaft | 0,01 | 2,0 | 0,0300 | 0,1000 | 0,2000 |
| Bergbau, Steine | 0,10 | 2,0 | 0,0070 | 0,0130 | 0,0380 |
| Erdöl | 0,20 | 2,0 | 0,0100 | 0,0260 | 0,0760 |
| Glas | 0,12 | 2,0 | 0,0040 | 0,0200 | 0,0590 |
| Nahrungs- und Genußmittel | 0,10 | 2,0 | 0,0180 | 0,0860 | 0,1540 |
| Textilerzeugung | 0,10 | 2,0 | 0,0440 | 0,1260 | 0,2080 |
| Bekleidung | 0,07 | 2,0 | 0,0730 | 0,1250 | 0,1770 |
| Chemie | 0,20 | 2,0 | 0,0300 | 0,0700 | 0,2060 |
| Grundmetall | 0,13 | 2,0 | 0,0220 | 0,0620 | 0,1820 |
| Maschinen | 0,13 | 2,0 | 0,0410 | 0,1300 | 0,2190 |
| Metallwaren | 0,13 | 2,0 | 0,0410 | 0,1180 | 0,1950 |
| Elektroindustrie | 0,13 | 2,0 | 0,0520 | 0,1360 | 0,2200 |
| Fahrzeugindustrie | 0,13 | 2,0 | 0,0410 | 0,1300 | 0,2190 |
| Sägeindustrie | 0,10 | 2,0 | 0,0220 | 0,0400 | 0,1180 |
| Holzverarbeitung | 0,10 | 2,0 | 0,0220 | 0,0400 | 0,1180 |
| Papiererzeugung | 0,12 | 2,0 | 0,0600 | 0,2620 | 0,4640 |
| Papierverarbeitung | 0,12 | 2,0 | 0,0940 | 0,2340 | 0,3740 |
| Baugewerbe | 0,07 | 2,0 | 0,0300 | 0,1000 | 0,2000 |
| Elektrizität, Gas-, Wasserversorgung | 0,22 | 2,0 | 0,0300 | 0,1000 | 0,2000 |
| Handel | 0,18 | 2,0 | 0,0300 | 0,1000 | 0,2000 |
| Verkehr, Nachrichtenübermittlung | 0,11 | 2,0 | 0,0300 | 0,1000 | 0,2000 |
| Banken, Versicherungen | 0,70 | 2,0 | 0,1000 | 0,2500 | 0,4000 |
| Hotel-, Gastgewerbe | 0,02 | 2,0 | 0,0300 | 0,1000 | 0,2000 |
| Sonstige Dienste | 0,12 | 2,0 | 0,0300 | 0,1000 | 0,2000 |
| Wohnungswesen | — | 1,0 | 0,0000 | 0,0000 | 0,0000 |
| Staat | 0,64 | 2,0 | 0,0300 | 0,0750 | 0,1800 |

hält die Verbreitungsgrade der Mikroelektronik bei Produktionsprozessen und in Produkten, Übersicht 5.2 bezieht sich auf die Bürotechnologie, Für diesen Sektor wurde generell mit einem Produktivitätssprung von 2 gerechnet. Da er für alle Sektoren als gleich angenommen wurde, wird er nicht speziell angegeben. Die Daten basieren einerseits auf Befragungsergebnissen des Instituts für Wirtschaftsforschung, andererseits auf Schätzungen der Umsatzsteigerungen bei Textautomaten in der Größenordnung von 20% bis 30% pro Jahr, die von den einzelnen Firmen angegeben wurden.

*Einsparungsmöglichkeiten* an Vorleistungen durch Mikroelektronik wurden nur im Energiebereich (mit maximal 10%) vorgegeben. Sie kommen im Ausmaß der Verbreitungsgrade in den Zweigen Erdölindustrie und Elektrizität-Gas-Wasser zur Wirkung. Als Verbreitungsgrad wird der Verbreitungsgrad der Produktionsprozesse angenommen und davon ausgegangen, daß der gesamte Energieverbrauch einer Branche durch Produktionsprozesse bedingt ist. Es wird ferner vorausgesetzt, daß keine anderen Wirtschaftszweige von Einsparungen betroffen sind.

Zur Bestimmung der notwendigen *Investitionshöhe* wird von einer durchschnittlichen in der jeweiligen Anwendungsebene jährlich neu ausgerüsteten Arbeitsplatzzahl ausgegangen. In der Produktion werden die Kosten eines Arbeitsplatzes mit 1 Mill. S, im Büro mit 100.000 S (zu Preisen 1976) angenommen.

Durch Anwendung der Mikroelektronik erfahren aber nicht nur die Parameter des Input-Output-Modells eine direkte Veränderung, sondern auch die Qualifikationsstruktur bei Freisetzungen. Obwohl nur in den seltensten Fällen fundierte quantitative Aussagen über die Qualifikationsstruktur der durch mikroelektronische Technologie Freigesetzten vorliegen, wurde nach längeren Diskussionen dennoch eine plausible Schätzung versucht. Da etwa anzunehmen ist, daß durch Einführung neuer Bürotechnologie vorwiegend

Übersicht 5.3

**Qualifikationsstruktur der durch Mikroelektronik aus der Produktion Freigestellten**

| | Hoch-schule | Matura | Fach-schule | Sonstige Schulen | Hoch-schule | Matura | Fach-schule | Sonstige Schulen |
|---|---|---|---|---|---|---|---|---|
| | | | männlich | | | | weiblich | |
| Land- und Forstwirtschaft | — | — | — | — | — | — | — | — |
| Bergbau, Steine | 0 | 0 | 0 | 100 | 0 | 0 | 0 | 0 |
| Erdöl | 0 | 0 | 0 | 90 | 0 | 0 | 0 | 10 |
| Glas | 0 | 0 | 0 | 70 | 0 | 0 | 0 | 30 |
| Nahrungs- und Genußmittel | 0 | 0 | 0 | 70 | 0 | 0 | 0 | 30 |
| Textilerzeugung | 0 | 0 | 0 | 40 | 0 | 0 | 0 | 60 |
| Bekleidung | 0 | 0 | 0 | 30 | 0 | 0 | 0 | 70 |
| Chemie | 0 | —2 | 0 | 66 | 0 | —1 | 0 | 37 |
| Grundmetall | 0 | 0 | 0 | 100 | 0 | 0 | 0 | 0 |
| Maschinen | —2 | —4 | 0 | 90 | —1 | —3 | 0 | 20 |
| Metallwaren | —2 | —4 | 0 | 80 | —1 | —3 | 0 | 30 |
| Elektroindustrie | —2 | —4 | 0 | 70 | —1 | —3 | 0 | 40 |
| Fahrzeugindustrie | —2 | —4 | 0 | 100 | —1 | —3 | 0 | 10 |
| Sägeindustrie | 0 | 0 | 0 | 100 | 0 | 0 | 0 | 0 |
| Holzverarbeitung | 0 | 0 | 0 | 85 | 0 | 0 | 0 | 15 |
| Papiererzeugung | 0 | 0 | 0 | 80 | 0 | 0 | 0 | 20 |
| Papierverarbeitung | 0 | 0 | 0 | 80 | 0 | 0 | 0 | 20 |
| Baugewerbe | 0 | 0 | 5 | 95 | 0 | 0 | 0 | 0 |
| Elektrizität, Gas-, Wasserversorgung | 0 | 0 | 0 | 100 | 0 | 0 | 0 | 0 |
| Handel | 0 | 0 | 0 | 30 | 0 | 0 | 0 | 70 |
| Verkehr, Nachrichtenübermittlung | 0 | 0 | 0 | 85 | 0 | 0 | 0 | 15 |
| Banken, Versicherungen | 0 | 0 | 0 | 0 | 0 | 0 | 0 | 0 |
| Hotel-, Gastgewerbe | 0 | 0 | 0 | 0 | 0 | 0 | 0 | 0 |
| Sonstige Dienste | 0 | 0 | 0 | 0 | 0 | 0 | 0 | 0 |
| Wohnungswesen | 0 | 0 | 0 | 0 | 0 | 0 | 0 | 0 |
| Staat | 0 | 0 | 0 | 0 | 0 | 0 | 0 | 0 |

## Qualifikationsstruktur der durch Mikroelektronik aus dem Bürobereich Freigestellten

| | Hoch-schule | Matura | Fach-schule | Sonstige Schulen | Hoch-schule | Matura | Fach-schule | Sonstige Schulen |
|---|---|---|---|---|---|---|---|---|
| | | männlich | | | | weiblich | | |
| Land- und Forstwirtschaft | 0 | 0 | 0 | 10 | 0 | 0 | 30 | 60 |
| Bergbau, Steine | 0 | 0 | 0 | 10 | 0 | 0 | 30 | 60 |
| Erdöl | 0 | 0 | 0 | 10 | 0 | 0 | 30 | 60 |
| Glas | 0 | 0 | 0 | 10 | 0 | 0 | 30 | 60 |
| Nahrungs- und Genußmittel | 0 | 0 | 0 | 10 | 0 | 0 | 30 | 60 |
| Textilerzeugung | 0 | 0 | 0 | 10 | 0 | 0 | 30 | 60 |
| Bekleidung | 0 | 0 | 0 | 10 | 0 | 0 | 30 | 60 |
| Chemie | 0 | 0 | 0 | 10 | 0 | 0 | 30 | 60 |
| Grundmetall | 0 | 0 | 0 | 20 | 0 | 0 | 30 | 50 |
| Maschinen | 0 | 0 | 0 | 20 | 0 | 0 | 30 | 50 |
| Metallwaren | 0 | 0 | 0 | 20 | 0 | 0 | 30 | 50 |
| Elektroindustrie | 0 | 0 | 0 | 20 | 0 | 0 | 30 | 50 |
| Fahrzeugindustrie | 0 | 0 | 0 | 20 | 0 | 0 | 30 | 50 |
| Sägeindustrie | 0 | 0 | 0 | 10 | 0 | 0 | 30 | 60 |
| Holzverarbeitung | 0 | 0 | 0 | 10 | 0 | 0 | 30 | 60 |
| Papiererzeugung | 0 | 0 | 0 | 10 | 0 | 0 | 30 | 60 |
| Papierverarbeitung | 0 | 0 | 0 | 5 | 0 | 0 | 25 | 70 |
| Baugewerbe | 0 | 0 | 0 | 0 | 0 | 0 | 45 | 55 |
| Elektrizität, Gas-, Wasserversorgung | 0 | 0 | 0 | 10 | 0 | 0 | 40 | 50 |
| Handel | 0 | −2 | 0 | 0 | 0 | −2 | 20 | 84 |
| Verkehr, Nachrichtenübermittlung | 0 | 0 | 0 | 20 | 0 | 0 | 20 | 60 |
| Banken, Versicherungen | 0 | 5 | 5 | 20 | 0 | 10 | 30 | 30 |
| Hotel-, Gastgewerbe | 0 | 0 | 0 | 0 | 0 | 20 | 40 | 40 |
| Sonstige Dienste | 0 | 0 | 0 | 0 | 0 | 0 | 50 | 50 |
| Wohnungswesen | 0 | 0 | 0 | 0 | 0 | 0 | 0 | 0 |
| Staat | 0 | 0 | 0 | 30 | 0 | 5 | 35 | 45 |

Frauen niedriger Qualifikation betroffen sein dürften, kaum jedoch Männer oder Frauen höherer Qualifikation, wurde versucht, diesen Tatbestand — wenn auch in grober Form — in das Modell aufzunehmen. Werden diese Annahmen nicht getroffen, kann das Modell Freisetzungseffekte nur in jener Qualifikationsstruktur vornehmen, wie sie im Jahre 1976 in den einzelnen Branchen vorhanden war. Die entsprechenden Annahmen sind in Übersicht 5.3 zusammengefaßt.

Es ist zu beachten, daß diese Vorgangsweise auch die Möglichkeit der Substitution verschiedener Qualifikationsniveaus bietet. Die einzige Bedingung für die Angabe der Qualifikationsstruktur der durch Mikroelektronik Freigesetzten ist, daß die Prozentsätze sich auf 100 addieren müssen. Substitutionseffekte werden durch negative Zahlen in der Qualifikationsmatrix angegeben. Werden z. B. 110 niedrig qualifizierte Arbeitsplätze eingespart, dafür aber 10 Akademikerarbeitsplätze neu geschaffen, betragen die entsprechenden Zahlen 110 und −10.

Darüber hinaus soll darauf aufmerksam gemacht werden, daß in Wirklichkeit die neue Technologie nicht in eindeutiger Weise die Qualifikation der mit ihr verbundenen Arbeitskräfte bestimmt, sondern daß hier dem Management einer Firma weite Entscheidungsspielräume offen gelassen werden. Es ist nämlich durchaus denkbar, durch Anhebung der Qualifikation (Vermittlung von Programmierkenntnissen) eine größere Effizienz der Arbeitskraft zu erreichen als durch die Besetzung der Maschine mit unqualifizierten Kräften, deren Lohnniveau niedriger liegt.

## 5.1.5  DAS ÖKONOMETRISCHE NACHFRAGEMODELL

Auf Grund der im Modell vorhandenen volkswirtschaftlichen Kreisläufe ist noch nicht sichergestellt, daß die im Abschnitt 5.1.4 angeführte Modellkette mit der volkswirtschaftlichen Wirklichkeit verträglich ist. Um diese Verträglichkeit herzustellen, war es notwendig, ein Modell zur Bestimmung der Nachfrage zu entwickeln, das als Ausgangspunkt bestimmte Daten des Arbeitsmarktes und der demographischen Struktur der Bevölkerung benötigt. In gewisser Weise stellt dieses Modell die Umkehrung des Input-Output-Modells dar. Das Zusammenschalten der beiden Modelle ergibt eine neue Gleichgewichtslösung, die allen Verträglichkeitsbedingungen der Volkswirtschaftlichen Gesamtrechnung genügt. Zu diesem Zweck müssen beide Modelle simultan mit Hilfe eines Iterationsverfahrens gelöst werden (siehe Abbildung 5.1).

Zusätzlich werden die Ergebnisse eines demographischen und eines Bildungsmodells benutzt, die beide am Institut für sozio-ökonomische Entwicklungsforschung erarbeitet wurden. Das demographische Modell gibt an, wieviele Personen die Pensionsaltersgrenze erreicht haben, das Bildungsmodell berechnet das *Erwerbspotential* (die Zahl der auf dem Arbeitsmarkt auftretenden Personen) und seine *Qualifikationsstruktur* (wie sie sich auf Grund der Absolventenzahlen in den einzelnen formalen Qualifikationsstufen ergeben wird). Aus der Gegenüberstellung von Beschäftigtenzahlen und Erwerbspotential wird eine Näherung für die Zahl der *Arbeitslosen* errechnet.

Zunächst zur Berechnung der Komponenten der Endnachfrage: Die gesamten *Investitionen* stellen die zentrale exogene Größe dar, die für das Niveau der wirtschaftlichen Aktivität verantwortlich ist. Der *private Konsum,* die wichtigste Komponente der Endnachfrage, wird endogen bestimmt. Der private Konsum wird als lineare Funktion des disponiblen Einkommens angenommen, das sich aus den Nettoeinkommen der Beschäftigten und den Transfers an Private zusammensetzt. Dazu zählen Pensionen, Arbeitslosenunterstützungen und sonstige Transfers. Die *Lohnsumme* wird als Produkt der Zahl der Arbeitskräfte, der geleisteten Arbeitsstunden und der Stundenlöhne berechnet. Die *Stundenlöhne* wiederum sind abhängig von der gesamtwirtschaftlichen durchschnittlichen Produktivitätsentwicklung je geleisteter Arbeitsstunde. Der *öffentliche Konsum* ergab sich als linear fallende Funktion des Anteils am BIP. Die *Exporte und Importe* wurden als logistische Funktion des Brutto-Inlandsproduktes ausgedrückt.

Das *Brutto-Inlandsprodukt* selbst wird aus der Summe von privatem Konsum, öffentlichem Konsum, Investitionen und Exporten minus Importen ermittelt. Die einzelnen Komponenten der Endnachfrage gehen nach bestimmten Korrekturen, die wegen der unterschiedlichen Konzepte von Input-Output- und Volkswirtschaftlicher Gesamtrechnung notwendig sind, in das Input-Output-Modell ein. Damit ist der Kreis geschlossen.

Die Zweckmäßigkeit des Zusammenschlusses der beiden Modelle kann an einem Beispiel verdeutlicht werden. Wird die Volkswirtschaft durch Einführung von Mikroelektronik modernisiert, wobei man der Einfachheit halber annimmt, daß sich die gesamte Investitionssumme nicht verändert, so würde sich im Input-Output-Modell als einziger Effekt eine Reduktion der Zahl der Beschäftigten ergeben. In Wirklichkeit ist dies jedoch nicht die einzige Folgewirkung. Durch das gestiegene Produktivitätsniveau in der Gesamtwirtschaft wird — bei wie in der Vergangenheit aktiven Gewerkschaften — das Lohnniveau in einem bestimmten Verhältnis zur gestiegenen Produktivität angehoben werden. Dadurch steigt aber die mögliche Gesamtnachfrage (über vermehrten Konsum), wodurch das gesamte Aktivitätsniveau der Volkswirtschaft erhöht wird. Die ursprünglich freigesetzten Arbeitskräfte können daher zum Teil wieder Beschäftigung finden, wodurch der gesamte Freisetzungseffekt, der sich durch Mikroelektronik allein ergeben würde, zumindestens teilweise kompensiert wird. Die Kompensation erfolgt allerdings mit verschiedener Qualifikationsstruktur, was erhebliche Anforderungen an die Umschulungseinrichtungen erwarten läßt.

## 5.2  Ausgangsbasis: Die Standardvarianten für 1985 und 1990

Auch wenn man sich darauf beschränkt, ausschließlich die Folgen der Anwendung von Mikroelektronik zu einem bestimmten Zeitpunkt zu untersuchen, kann man dies nicht unabhängig von der gesamtwirtschaftlichen Entwicklung tun. Für die Betroffenen, aber auch für die Wirtschaftspolitiker macht es einen wesentlichen Unterschied, ob Freisetzungen durch Mikroelektronik zu einem Zeitpunkt geschehen, da das Erwerbspotential völlig ausgeschöpft ist, oder in einer Situation, in der ohnedies schon hohe Arbeitslosigkeit herrscht. Dem Projektteam schien es daher notwendig, die Rahmenbedingungen der allgemeinen Entwicklung der österreichischen Volkswirtschaft für die Jahre 1985 und 1990 in Form von Szenarios abzubilden, damit abgeschätzt werden kann, wie schwerwiegend die Folgeprobleme der Mikroelektronik im Rahmen der allgemeinen Wirtschaftsentwicklung sein werden. Die Standardvarianten stellen wirtschaftliche Entwicklungen dar, in denen die Mikroelektronik noch keinen Eingang gefunden hat.


## 5.2.1  DATENBASIS UND TRENDANNAHMEN

Ausgangsbasis aller Berechnungen für das Input-Output-Modell waren *zwei Input-Output-Tafeln,* die dem Projektteam freundlicherweise von der Bundeskammer der gewerblichen Wirtschaft zur Verfügung gestellt wurden. Da die beiden Übersichten für 1970 bzw. 1976 unterschiedlichen Konzepten folgten, mußte erhebliche Mühe für die Vereinheitlichung der beiden Tafeln aufgewendet werden. Als *Preisbasis* wurde *1976* gewählt, die Tafel 1970 wurde in Analogie zur Tafel $_0$11976 um die *Handelswarenumsätze* und um die *Umsatzsteuer* bereinigt. Da die hohe Disaggregation der Originaltafeln keine Entsprechung auf der Ebene der Beschäftigtenstatistiken besaß, mußten die Input-Output-Tafeln von 31 auf 26 Sekoren *aggregiert* werden.

Zur Abschätzung des ökonometrischen Nachfragemodells wurden in der Regel *Zeitreihen von 1964 bis 1979* (Jahresdaten) herangezogen. Als *Preisbasis* wurde ebenfalls *1976* gewählt. Da zwischen den Konzepten der Volkswirtschaftlichen Gesamtrechnung und der Input-Output-Tafeln in der Berechnung der Komponenten der Endnachfrage Unterschiede bestehen, mußten diese durch die Anwendung von konstanten Korrekturfaktoren ineinander übergeführt werden.

Die *Aufteilung der Endnachfragekomponenten* auf die einzelnen Wirtschaftszweige wurde auch für die Zukunft wie im Jahr 1976 beibehalten. Dies konnte mit gutem Gewissen getan werden, da Ergebnisse mit einem detaillierteren Modell für 1990 nur geringe Abweichungen von den Werten für 1976 ergaben.

Für die Standardvarianten wurden auch die *technischen Koeffizienten* als konstant wie im Jahr 1976 angenommen. Eine Analyse der Veränderungen zwischen 1970 und 1976 zeigte nur sehr geringe Effekte in der Größenordnung von einigen tausend Beschäftigten auf dem Arbeitsmarkt. Es wurde daher von einer Veränderung dieser Koeffizienten Abstand genommen. Dies gilt jedoch nur für die Standardvariante, in den Szenarien für die Anwendung der Mikroelektronik wurden die technischen Koeffizienten (auf Grund von Energieeinsparungsmöglichkeiten) modifiziert.

Eine zentrale Annahme für die Modellentwicklung stellt der Verlauf der *Stundenproduktivität* im Lauf der Zeit dar. Die durchschnittliche jährliche Produktivitätsentwicklung für die Periode 1970 bis 1976 lag in der Vergangenheit um etwa 1% höher als im Zeitraum 1976 bis 1980. Um auf der vorsichtigen Seite der Schätzung zu bleiben, wurde das langsamere Produktivitätswachstum als Bestimmungsgröße für die achtziger Jahre angenommen.

Zur Berechnung der *Beschäftigtenzahlen* wurde die *Volkszählung 1971* verwendet. Die zeitliche Veränderung wurde auf Grund der *Sozialversicherungsstatistiken* bestimmt.

Die Entwicklung der durchschnittlichen wöchentlichen *Arbeitszeit* nach einzelnen Wirtschaftszweigen wurde den jährlichen Durchschnittswerten der *Mikrozensus*erhebungen entnommen. Da diese Mikrozensusdaten den Jahresurlaub systematisch unterschätzen dürften (es existieren keine Erhebungen für Juli und August), wird die ausgewiesene Wochenarbeitszeit die tatsächlichen Verhältnisse eher überschätzen. Für die zeitliche Entwicklung ist dieser Fehler jedoch weitgehend irrelevant, da alle Daten unter Beibehaltung des gleichen (fehlerbehafteten) Konzeptes berechnet werden.

Zur Berechnung hypothetischer *Arbeitslosenzahlen* wird die Differenz zwischen dem jeweiligen Erwerbspotential und der Zahl der Beschäftigten ermittelt. Eine Konstante, die aus den Berechnungen für das Jahr 1980 bestimmt wird, soll die Unterschiede zwischen den verschiedenen Berechnungskonzepten ausgleichen. Diese Konstante wird als additives Element auch für die Jahre 1985 und 1990 eingesetzt. Die Fortschreibung der Arbeitsproduktivität erfolgte auf Pro-Stunden- und nicht auf Pro-Kopf-Basis. Zur Berechnung der Zahl der Beschäftigten müssen daher die jeweiligen Arbeitszeiten bekannt sein bzw. angenommen werden.

Die Daten für das *Erwerbspotential* stammen aus einem Bildungsmodell, das ebenfalls am Institut für sozio-ökonomische Entwicklungsforschung erarbeitet wurde. Sie entsprechen in etwa den Vorausschätzungen des Beirates für Wirtschafts- und Sozialfragen[3]).

Das Modell ermöglicht es, in einem bestimmten Jahr, für das die Simulation durchgeführt wird, Arbeitszeiten aus jedem beliebigen Jahr zu verwenden. Für die Trendberechnung der Arbeitszeit wurden als Stützzeitpunkte 1970 und 1976 herangezogen. Man kann daher z. B. für 1985 eine Variante rechnen, in der die für das Jahr 1985 aus der Trendextrapolation der Arbeitszeitentwicklungen der einzelnen Wirtschaftszweige sich ergebende Arbeitszeit eingesetzt wird. Eine andere Möglichkeit wäre etwa, die Arbeitszeit von 1980 als konstant bis zum Jahr 1985 anzunehmen und in das Modell einzuspeisen.

72

Die Varianten ergeben dann sowohl unterschiedliches Wirtschaftswachstum als auch unterschiedliche Beschäftigtenzahlen.

Zur Berechnung der *formalen Qualifikationsstruktur* in den einzelnen Wirtschaftszweigen wurde die Volkszählung 1971 herangezogen. Für 1970 wurde diese Struktur beibehalten, die Besetzungszahlen in den einzelnen Branchen wurden jedoch an die tatsächlichen Zahlen angepaßt. Für das Jahr 1976 wurde ein komplizierteres Verfahren gewählt: Die Qualifikationsstruktur der österreichischen Bevölkerung wurde dem am Institut für sozio-ökonomische Entwicklungsforschung erarbeiteten Bildungsmodell entnommen. Die Beschäftigtenzahlen in den einzelnen Branchen wurden auf Grund der Fortschreibung der Volkszählungsdaten auf der Basis der Sozialversicherungsstatistik ermittelt. Durch Anwendung des Deming-Stephan-Algorithmus[4]) wurde eine Matrix der Beschäftigten nach formaler Qualifikation und Wirtschaftszweigen rekonstruiert, die in bestimmter Weise nur minimal von der Ausgangsmatrix 1971 abweicht. Diese Matrix erfüllt die vorgegebenen Randsummenbedingungen. Für die weitere Entwicklung nach 1976 wurde von der Konstanz der Qualifikationsstruktur von 1976 in den einzelnen Branchen ausgegangen. Verschiebungen in der Qualifikation der Beschäftigten sind daher im Modell nur noch durch relative Verschiebungen der einzelnen Branchen gegenüber 1976 möglich. Eine Gegenüberstellung der Qualifikationsstruktur des Erwerbspotentials mit der auf Grund der Hochrechnung des Modells sich ergebenden Qualifikationsstruktur der „Arbeitsplätze" erlaubt es, die Qualifikation des Erwerbspotentials mit den „Anforderungen" der Wirtschaft, die sich aus den unterschiedlichen Entwicklungen der einzelnen Branchen ergeben, zu vergleichen.


## 5.2.2  ERGEBNISSE DER STANDARDVARIANTEN

In die Berechnung der Standardvarianten gingen folgende wesentliche Annahmen ein[5]):
1. Die Entwicklung der Produktivität wurde branchenweise auf der Basis der tatsächlichen Veränderungen zwischen 1976 und 1980 exponentiell fortgeschrieben.
2. Die Investitionen, eine exogene Größe, wurden so bestimmt, daß sich ein reales Wachstum des Brutto-Inlandsproduktes von rund 3% ergab.
3. Über die Arbeitszeit wurden zwei verschiedene Annahmen getroffen: die Standardvarianten *STAND85/1* und *STAND90/1* wurden unter der Annahme konstanter Arbeitszeiten wie im Jahr 1980 errechnet, die Varianten *STAND85/2* und *STAND90/2* gehen von der exponentiellen Trendfortschreibung wie im Jahresdurchschnitt der Periode 1970 bis 1976 aus.

## Die Arbeitszeitannahmen in den Standardvarianten

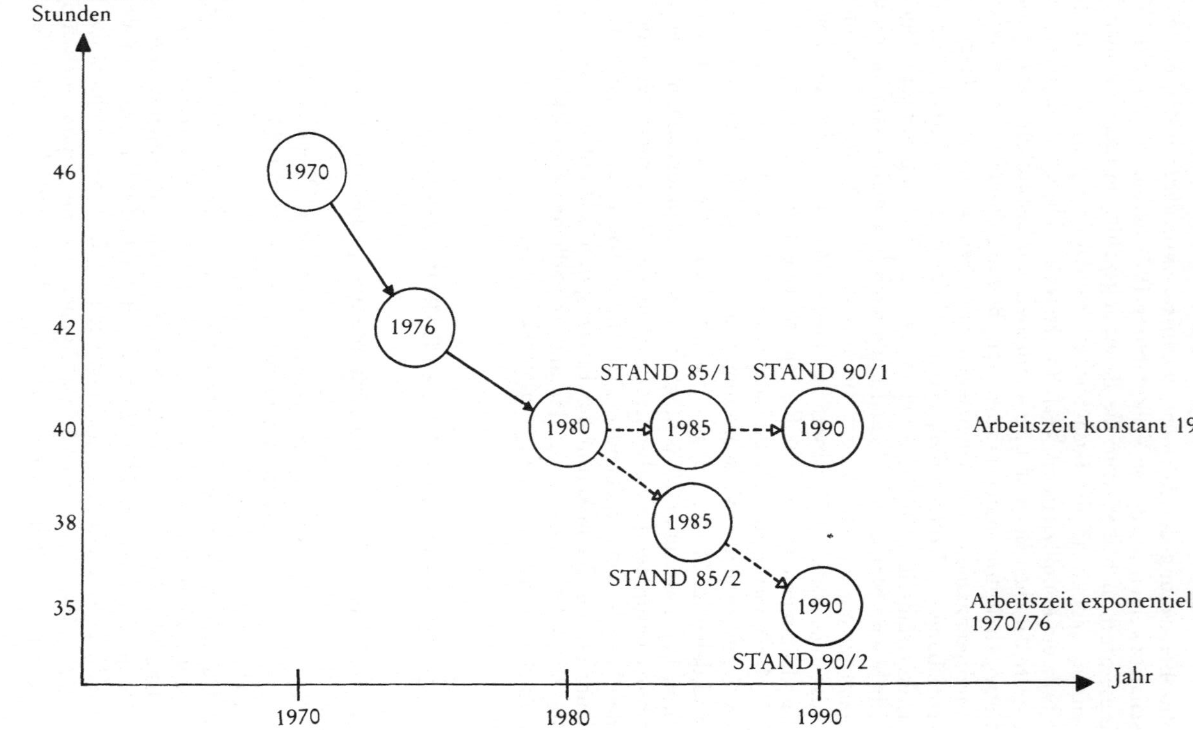

Die Standardvarianten mit den verschiedenen Arbeitszeitannahmen werden
später den entsprechenden Szenarios zugeordnet. Eine grafische Darstellung
der verschiedenen Annahmen findet sich in Abbildung 5.2.

In Übersicht 5.5 sind die Hauptergebnisse der Standardvarianten zusammengestellt. Entsprechend den Modellannahmen wachsen die Komponenten der
Verwendungsseite des Brutto-Inlandsproduktes etwa gleichschrittig mit diesem. Bei gleichen Investitionen bringt die Variante mit längerer Arbeitszeit
ein um rund 3% höheres Sozialprodukt. Entscheidende Unterschiede ergeben sich jedoch in den hypothetischen Arbeitslosenzahlen, die bis auf einen
Korrekturfaktor die Differenz aus Erwerbstätigenpotential und Zahl der Beschäftigten darstellen. Sie liegen für 1985 bei konstanter Arbeitszeit von etwa
40 Stunden um rund 80.000 höher, im Jahr 1990 um 190.000 höher als in der
jeweiligen Variante mit verkürzter Arbeitszeit. In der günstigen Variante für
1985 ergibt sich gegenüber der Arbeitslosigkeit 1980 etwa eine Verdoppe-
lung. Entsprechend erhöhen sich auch die Ausgaben, die für Arbeitslosenunterstützungen bezahlt werden müssen. Zu beachten ist dabei, daß sich eine
verschlechterte Beschäftigungssituation nicht notwendigerweise in einer Erhöhung der Arbeitslosenzahlen niederschlägt. Anders als im Modell könnte
in der Realität auch eine Reduktion der Erwerbsquoten eintreten, wodurch
Arbeitslosenrate und Arbeitslosenunterstützung abnehmen würden.

Da auf Grund der Modellannahmen die Entwicklung der realen Stundenlöhne von der Produktivität je geleisteter Arbeitsstunde abhängt, steigt der
Pro-Kopf-Jahresnettolohn bei konstanter Arbeitszeit deutlich stärker als bei
fallender Arbeitszeit. In Wirklichkeit wird der Reallohnzuwachs sich jedoch
nicht von selbst einstellen. Vor allem bei Arbeitszeitverkürzung wird es wesentlich auf die Politik der Gewerkschaft und der Unternehmer ankommen,
ob und wie weit Lohnerhöhungen durchgesetzt werden.

Die Ergebnisse der Standardvarianten weisen darauf hin, daß man sich im
Jahr 1985 in Österreich bereits im Dienstleistungszeitalter befindet. In beiden
Arbeitszeitvarianten wird die 50%-Marke für den Beschäftigungsanteil im
Dienstleistungssektor deutlich überschritten. Der niedrigere Anteil von Beschäftigten in der Land- und Forstwirtschaft bei kürzerer Arbeitszeit weist
darauf hin, daß in allen anderen Bereichen, vor allem aber in der Industrie,
die Arbeitszeit rascher als im Primärsektor fällt.

Als Vergleichsmöglichkeit zwischen den von der Wirtschaft nachgefragten
Qualifikationen und der durch das Bildungswesen in der österreichischen Bevölkerung erzeugten Qualifikationsstruktur wurden die prozentuellen Anteile
der voraussichtlichen geschlechtsspezifischen formalen Qualifikationen den
entsprechenden Zahlen des Erwerbspotentials gegenübergestellt[6]). Es wird

## Ergebnisse der Standardvarianten

| Variable | 1976 | *STAND* 85/1 | Erwerbs- potential | *STAND* 85/2 | *STAND* 90/1 | Erwerbs- potential | *STAND* 90/2 |
|---|---|---|---|---|---|---|---|
| *In Mrd. S, zu Preisen 1976* | | | | | | | |
| Investitionen[1]) | 197 | 280 | | 280 | 365 | | 365 |
| Konsum privat | 416 | 555 | | 529 | 654 | | 596 |
| öffentlich | 133 | 155 | | 150 | 172 | | 162 |
| Exporte i. w. S. | 255 | 450 | | 436 | 619 | | 584 |
| Importe i. w. S. | 262 | 460 | | 445 | 631 | | 595 |
| Außenbeitrag | − 7,4 | − 9,7 | | − 9,4 | −10,9 | | −10,3 |
| Brutto-Inlandsprodukt | 739 | 981 | | 950 | 1.180 | | 1.113 |
| Nettolohn pro Kopf (1.000 S) | 101 | 129 | | 121 | 150 | | 131 |
| Arbeitszeit[1]) (Wochendurchschnitt) | 42,1 | 39,9 | | 37,6 | 39,6 | | 35,2 |
| Hypothetische Arbeitslose (1.000 Personen) | 55 | 203 | | 118 | 220 | | 29 |
| Arbeitslosenunterstützung | 1,9 | 8,8 | | 4,8 | 11,2 | | 1,3 |
| Beschäftigte (1.000 Personen) | 3.222 | 3.191 | | 3.276 | 3.221 | | 3.413 |
| Männer | 1.936 | 1.880 | 2.130 | 1.934 | 1.883 | 2.175 | 2.004 |
| davon (in %) Hochschule | 4,2 | 5,1 | 4,7 | 5,1 | 5,5 | 5,2 | 5,5 |
| Matura | 7,3 | 7,9 | 8,4 | 7,9 | 8,2 | 9,3 | 8,2 |
| Fachschule | 5,8 | 5,7 | 6,1 | 5,7 | 5,7 | 6,3 | 5,7 |
| Sonstige | 82,8 | 81,3 | 80,8 | 81,3 | 80,6 | 79,1 | 80,5 |
| Frauen | 1.287 | 1.311 | 1.300 | 1.342 | 1.338 | 1.302 | 1.409 |
| davon (in %) Hochschule | 1,8 | 2,1 | 2,6 | 2,1 | 2,3 | 3,5 | 2,3 |
| Matura | 6,9 | 7,7 | 9,9 | 7,8 | 8,2 | 11,6 | 8,3 |
| Fachschule | 15,9 | 16,6 | 16,3 | 16,7 | 16,9 | 16,3 | 17,2 |
| Sonstige | 75,4 | 73,6 | 71,2 | 73,4 | 72,6 | 68,6 | 72,2 |
| Anteil an den Beschäftigten (in %) | | | | | | | |
| Landwirtschaft | 11,6 | 10,0 | | 9,3 | 9,1 | | 8,0 |
| Industrie | 40,8 | 37,9 | | 38,3 | 39,6 | | 37,5 |
| Dienstleistungen | 47,6 | 52,1 | | 52,4 | 54,0 | | 54,5 |
| BIP je Beschäftigten (1.000 S) | 229 | 307 | | 290 | 366 | | 326 |
| *Durchschnittliche jährliche Veränderung seit 1976 in %* | | | | | | | |
| Produktivitätswachstum | | + 3,33 | | + 2,66 | + 3,41 | | + 2,55 |
| Wirtschaftswachstum | | + 3,20 | | + 2,83 | + 3,40 | | + 2,97 |
| Beschäftigungswachstum | | − 0,1 | | + 0,18 | 0 | | + 0,41 |
| Netto-Lohnwachstum | | + 2,76 | | + 2,03 | + 2,87 | | + 1,88 |

[1]) Exogene Variable.

daraus ersichtlich, daß sowohl für 1985 als auch für 1990 — geht man von
einer Arbeitsplatzstruktur nach Geschlecht und formaler Qualifikation wie
im Jahre 1976 in den einzelnen Branchen aus — zu wenig männliche Akademiker, aber ein Überschuß an Akademikerinnen vorhanden sind. Maturanten
und Maturantinnen wären in allen Jahren relativ überschüssig, ebenso männliche Fachschulabsolventen, während eher zu wenige „sonstige" weibliche Arbeitskräfte vorhanden wären. Diese Aussagen setzen immer voraus, daß keine

Veränderungen — weder in der Geschlechterproportion, noch in der formalen Qualifikationsstruktur — der Arbeitsplätze seit 1976 vorgenommen wurden. Alle Aussagen obiger Art besitzen daher nur hypothetischen Charakter. Der Vergleich der hier angeführten Zahlen ist vor allem deshalb von Interesse, da erst mit ihrer Hilfe gezeigt werden kann, in welche Richtung die Anwendung der Mikroelektronik die Qualifikations- und Geschlechtsstruktur der Arbeitsplätze verändern würde, ob es zu weiteren Engpässen oder zu einem Abbau der in der Standardvariante ausgewiesenen Diskrepanzen kommt.

Abschließend soll nochmals auf den bedingten Charakter der hier vorgeführten Simulationen hingewiesen werden. Es handelt sich hier nicht — wie im Sinne von Konjunkturprognosen — um Voraussagen, deren Eintreffen man auch erwartet, sondern um modifizierte Fortschreibungen komplexer Trendentwicklungen auf Grund von Daten der sechziger bzw. siebziger Jahre. In der Wirklichkeit werden diese Trendaussagen von konjunkturellen Effekten überlagert. Die Simulationsergebnisse bilden im Rahmen der vorgestellten Methode die Basis für die Einführung der Mikroelektronik in Österreich unter bestimmten sozial- und wirtschaftspolitischen Rahmenbedingungen.


## 5.3 Sozio-ökonomische Alternativen bei Einführung von Mikroelektronik in Österreich

Die Entwicklung der Standardvarianten (ohne Mikroelektronik) hat gezeigt, daß zum Unterschied von früheren Jahrzehnten in den achtziger Jahren das *intensive* gegenüber dem extensiven *Wachstum* überwiegt. In einer solchen Situation sind die Unternehmungen unter Zugzwang, ihre Produktion zu rationalisieren. Mikroeletronik-Technologien kommen diesen Bedürfnissen der Wirtschaft weitgehend entgegen, erlauben sie es doch, nicht nur Lohnkosten, sondern auch zum Teil Fixkosten beträchtlich zu reduzieren. So vorteilhaft die Einführung neuer Technologien in Produktion und Verwaltung für die Unternehmen auch sein mag, um in inländischen und ausländischen Konkurrenzsituationen bestehen zu können, so große Probleme können sich für die Erhaltung der *Vollbeschäftigung* ergeben, vor allem dann, wenn die Einführung der Mikroelektronik zu einer Zeit forciert wird, in der ohnedies beträchtliche Teile des Erwerbspotentials ohne Beschäftigung sind. Die Situation wird durch ein *langsameres Wirtschaftswachstum*, durch akute *Defizite* bei den *Staatsfinanzen* und erhebliche *Leistungsbilanzdefizite* erschwert.

Die folgenden Szenarios sollen die Folgen der Einführung der Mikroelektronik unter verschiedenen wirtschafts- und sozialpolitischen Randbedingungen auch quantitativ illustrieren. Besonderes Augenmerk wurde Veränderungen in den wichtigsten Komponenten der Volkswirtschaftlichen Gesamtrechnung, dem Arbeitsmarkt und der Qualifikationsstruktur der zu erwartenden Freisetzungen geschenkt. Eine zentrale Frage bleibt jedoch auch im Rahmen des Modells unbeantwortbar, ob nämlich die Mikroelektronik nur eine neue Form des bisher üblichen technischen Fortschritts darstellt, oder ob sie zur bisherigen Produktivitätsentwicklung hinzukommt. In der Darstellung der Szenarios wählten wir einen Kompromiß: im jeweiligen Jahr wurden die gesamten zur Verfügung stehenden Investitionen konstant gehalten[7]). Gleichzeitig wurde die durch Mikroelektronik erhöhte Arbeitsproduktivität nicht auf das relativ rasche Produktivitätswachstum im exponentiellen Trend der Periode 1970 bis 1976, sondern auf das um 1% niedriger liegende Produktivitätswachstum der Zeit 1976 bis 1980 bezogen. Die Mikroelektronik *kompensiert* damit in gewisser Weise *verlangsamte Produktivitätsfortschritte* und bringt das Produktivitätswachstum in etwa wieder auf das Niveau der ersten Hälfte der siebziger Jahre.

In den folgenden Abschnitten werden idealtypisch drei verschiedene Szenarios behandelt, die sich in den ökonomischen Randbedingungen, aber auch in der Verbreitungsgeschwindigkeit der Mikroelektronik unterscheiden. Alle drei Varianten gehen davon aus, daß sich die Konkurrenzsituation der österreichischen Wirtschaft gegenüber dem Ausland insgesamt nicht ändert. Da die Vorhersage der wirtschaftlichen Entwicklung der Konkurrenzländer (Einführung der Mikroelektronik, Wechselkursentwicklung etc.) nur äußerst schwer möglich ist, wurde in jedem der drei Hauptszenarios die aktuelle Position, die durch Leistungsbilanzdefizite gekennzeichnet ist, fortgeschrieben.

Um die Möglichkeit einer technologisch induzierten Verbesserung der Konkurrenzlage zu illustrieren, wurden in Szenario 1A zusätzliche Exportmöglichkeiten simuliert, die zu einer Aktivierung der österreichischen Leistungsbilanz führen. Daran schließen sich eine Simulation der Auswirkung der Reduktion des gesamtgesellschaftlichen Arbeitsvolumens und die Darstellung einer Situation, in der die Mikroelektronik ihre volle Verbreitung erfahren hat.

## 5.3.1 SZENARIO 1: RASCHE VERBREITUNG DER MIKROELEKTRONIK BEI KONSTANTER ARBEITSZEIT 1980

Das erste Szenario geht davon aus, daß die Unternehmungen in Österreich die Verbreitung der Mikroelektronik mit dem Argument der Erhaltung der internationalen Konkurrenzfähigkeit forcieren und den Trend der siebziger Jahre, in denen sich die Arbeitszeit um mehr als 10% verkürzte, so bremsen, daß eine branchenspezifische Arbeitszeit wie im Jahr 1980 auch für 1985 und

1990 bestehen bleibt. Diese Arbeitszeit beträgt etwa 40 Wochenstunden (im Durchschnitt *aller* Beschäftigten). Da das rasche Wachstum an Mikroelektronikinvestitionen die österreichischen Produktionskapazitäten bei weitem überfordern würde, wird in diesem Szenario angenommen, daß die neuen Geräte zu 100% eingeführt werden. Abschwächungen dieser Annahme werden im Szenario 3 diskutiert.

Die entsprechenden Annahmen und Ergebnisse von Szenario 1 für 1985 und 1990 finden sich in Übersicht 5.6. Übersicht 5.7 gibt die absoluten und relativen Vergleichszahlen zwischen Szenario 1 und den zugehörigen Standardvarianten wieder.

Die verwendeten Verbreitungsgrade wurden auf der Grundlage der Erhebungen des Österreichischen Institutes für Wirtschaftsforschung bestimmt, wobei man davon ausging, daß die Befragung aus zwei Gründen zu *Unterschätzungen* der tatsächlichen Verbreitung geführt hat. Da man annehmen kann, daß die Grundgesamtheit, aus der die Stichprobe ausgewählt wurde, im Lauf der Zeit nicht konstant bleibt, sondern durch Konzentrationsprozesse bzw. Firmenzusammenbrüche abnimmt, ist der Verbreitungsgrad vermutlich unterschätzt. Andererseits hat sich auch in allen einschlägigen ausländischen Erhebungen gezeigt, daß die Unternehmungen das Ausmaß der Einführung von neuen Technologien in ihrem eigenen Bereich in der Regel als zu gering angegeben.

Aus beiden Gründen wurde der erhobene Verbreitungsgrad für Szenario 1 bei Produktionsprozessen und im Büro um 50% erhöht angesetzt, bei mikroelektronischen Produkten jedoch konstant gelassen, da auch der geschätzte Wert schon relativ hoch gelegen war.

Für 1985 wurden daher Verbreitungsgrade von 23% (Prozesse), 18% (Produkte) und 16% (Büro) angenommen. Das raschere Wachstum der Verbreitung von neuer Bürotechnologie zeigt sich 1990 in annähernd gleichen Verbreitungsgraden von 30% in allen Sparten der Mikroelektronikanwendung.

Da sich bei konstanten Gesamtinvestitionen — davon rund 20 Mrd. S für Mikroelektronik — die Importe um 2% bis 3% erhöhen, sinkt die im Inland wirksame Endnachfrage etwas ab. Die Leistungsbilanz verschlechtert sich um etwa 13 Mrd. S gegenüber der Standardvariante. Die hypothetischen Arbeitslosen klettern auf über 300.000, entsprechend wächst die notwendige Arbeitslosenunterstützung auf mehr als 15 Mrd. S an. Der Staatshaushalt wird einerseits durch leicht reduziertes Steueraufkommen, andererseits durch erhöhte Arbeitslosenunterstützungen mit mehr als 10 Mrd. S belastet. Gleichzeitig

## Szenario 1: Rasche Verbreitung der Mikroelektronik
Arbeitszeit konstant 1980

Übersicht 5.6

| | RASCH85/1 | RASCH90/1 |
|---|---|---|
| *In Mrd. S, zu Preisen 1976* | | |
| Investitionen | 280 | 365 |
| Konsum privat | 562 | 675 |
| öffentlich | 154 | 174 |
| Exporte i. w. S. | 446 | 624 |
| Importe i. w. S. | 469 | 648 |
| Außenbeitrag | —22,8 | —23,9 |
| Brutto-Inlandsprodukt | 973 | 1.190 |
| Nettolohn pro Kopf (1.000 S) | 134 | 159 |
| Arbeitszeit (Wochendurchschnitt) | 40,1 | 39,9 |
| Hypothetische Arbeitslose (1.000 Personen) | 340 | 386 |
| Arbeitslosenunterstützung | 15,4 | 20,9 |
| Mikroelektronikeinsatz | | |
| Produktionsprozeß | | |
| Verbreitungsgrad $v$ | 23,4 | 35,7 |
| Ausgerüstete Arbeitsplätze $T$ | 141 | 208 |
| Freigesetzte $F'$ | 75 | 109 |
| Produkte | | |
| Verbreitungsgrad $v$ | 18,0 | 28,7 |
| Ausgerüstete Arbeitsplätze $T'$ | 35 | 55 |
| Freigesetzte $F'$ | 6 | 8 |
| Büro | | |
| Verbreitungsgrad $v$ | 16,0 | 31,3 |
| Ausgerüstete Arbeitsplätze $T'$ | 42 | 84 |
| Freigesetzte $F'$ | 42 | 84 |
| Investitionen für Mikroelektronik | 20,0 | 19,4 |
| Beschäftigte (1.000 Personen) | 3.054 | 3.056 |
| Männer | 1.803 | 1.802 |
| davon (in %) Hochschule | 5,3 | 5,9 |
| Matura | 8,3 | 8,8 |
| Fachschule | 5,9 | 6,0 |
| Sonstige | 80,5 | 79,3 |
| Frauen | 1.251 | 1.254 |
| davon (in %) Hochschule | 2,2 | 2,5 |
| Matura | 8,1 | 8,8 |
| Fachschule | 16,3 | 16,1 |
| Sonstige | 73,4 | 72,7 |
| Anteil an den Beschäftigten (in %) | | |
| Landwirtschaft | 10,4 | 9,8 |
| Industrie | 36,1 | 34,5 |
| Dienstleistungen | 53,5 | 55,7 |
| BIP je Beschäftigten (1.000 S) | 319 | 390 |
| *Durchschnittliche jährliche Veränderung seit 1976 in %* | | |
| Produktivitätswachstum | 3,75 | 3,87 |
| Beschäftigungswachstum | — 0,59 | — 0,38 |
| Netto-Lohnwachstum | + 3,19 | + 3,29 |
| Wirtschaftswachstum | 3,1 | 3,46 |

### Szenario 1: Mikroelektronik-Effekte

| | Differenz zwischen den Varianten | | | |
| | RASCH85/1 — STAND85/1 | | RASCH90/1 — STAND90/1 | |
| | absolut | in % | absolut | in % |
|---|---|---|---|---|
| *In Mrd. S, zu Preisen 1976* | | | | |
| Konsum privat | + 7 | + 1,3 | + 21 | + 3,2 |
| öffentlich | — 1 | — 0,6 | + 2 | + 1,2 |
| Exporte i. w. S. | — 4 | — 0,9 | + 5 | + 0,8 |
| Importe i. w. S. | + 9 | + 2,0 | + 17 | + 2,7 |
| Außenbeitrag | — 13,1 | — | — 13,0 | — |
| Brutto-Inlandsprodukt | — 8 | — 0,8 | + 10 | + 0,8 |
| Staatshaushalt | — 11,3 | — | — 17,5 | — |
| Nettolohn pro Kopf (1.000 S) | + 5 | + 3,9 | + 9 | + 6,0 |
| Hypothetische Arbeitslose (1.000 Personen) | +137 | + 67,5 | +166 | + 75,9 |
| Arbeitslosenunterstützung | + 6,6 | + 75 | + 9,7 | + 86,6 |
| Beschäftigte (1.000 Personen) | —137,7 | — 4,3 | —165,8 | — 5,2 |
| Männer | — 77,2 | — 4,1 | — 82,1 | — 4,4 |
| davon Hochschule | + 0,8 | — | + 3,1 | — |
| Matura | + 0,7 | — | + 4,0 | — |
| Fachschule | — 1,0 | — | + 0,8 | — |
| Sonstige | — 77,8 | — | — 89,9 | — |
| Frauen | — 60,4 | — 4,6 | — 83,7 | — 6,3 |
| davon Hochschule | + 0,4 | — | + 1,1 | — |
| Matura | — 0,3 | — | + 0,8 | — |
| Fachschule | — 14,0 | — | — 25,0 | — |
| Sonstige | — 46,6 | — | — 60,6 | — |
| BIP je Beschäftigten (1.000 S) | + 12 | + 3,9 | + 23 | + 6,3 |
| Veränderung der Beschäftigtenzahl durch | | | | |
| Produktivitätsveränderung | —120,6 | — | —201,8 | — |
| Nachfrageveränderung | — 15,7 | — | + 37,7 | — |
| Energiesparen | — 1,5 | — | — 1,8 | — |
| Interaktionseffekte | 0 | — | + 0,1 | — |

steigt das Reallohnniveau für 1985 um etwa 4%, für 1990 um 6% gegenüber der Standardvariante, in ähnlichem Ausmaß steigt die Arbeitsproduktivität.

Das Beschäftigungsvolumen reduziert sich um mehr als 4%, wobei weibliche Arbeitskräfte stärker von Freisetzungen betroffen sind als männliche. Bezogen auf die einzelnen Qualifikationsstufen läßt sich bei Hochschulabsolventen und Maturanten in den meisten Fällen ein leichter Zuwachs feststellen, stärkste Reduktionen ergeben sich bei den niedrigsten Qualifikationen. Fachschulabsolventinnen sind bei Freisetzungen wesentlich stärker gefährdet als ihre männlichen Kollegen.

Als direkte Folgen der Produktivitätssteigerungen durch Mikroelektronik gehen bis 1985 rund 120.000 Arbeitsplätze verloren, durch eine Beschränkung der Nachfrage auf Grund von erhöhten Importen etwa 16.000, durch Energiesparen knappe 2.000. Im Jahr 1990 überwiegt die Zunahme des privaten Konsums das Wachstum der Importe. Daher werden die durch Produktivitätssteigerungen verursachten Freisetzungen von rund 200.000 um 36.000 Arbeitsplätze reduziert, die auf Grund gestiegener Nachfrage neu geschaffen werden können[8]).

## 5.3.2  SZENARIO 2: LANGSAME VERBREITUNG DER MIKROELEKTRONIK BEI ARBEITSZEITVERKÜRZUNG

Das vorliegende Szenario soll eine gesellschaftspolitische Situation charakterisieren, in der es den Gewerkschaften gelungen ist, ein *„soziales Fangnetz"* zu knüpfen, das die negativen Folgen der Verbreitung der Mikroelektronik in Österreich kompensieren soll. Die Gewerkschaften setzen durch, daß die *Arbeitszeit* faktisch und per Gesetz im selben prozentuellen Ausmaß *verkürzt* wird wie in den siebziger Jahren. Alle gängigen Wirtschaftsprognosen rechnen implizit mit einer Verkürzung der Arbeitszeit in etwa diesem Ausmaß. Erzwingbare *„Technologievereinbarungen"* werden im Arbeitsverfassungsgesetz vorgesehen, was die Geschwindigkeit der Neueinführung von Mikroelektronik in den einzelnen Betrieben verzögert. Szenario 2 sieht allerdings keinen Kündigungsschutz bei Einführung neuer Technologien vor. Vorausgesetzt wird jedoch, daß die gewachsene Stundenproduktivität sich im gleichen Ausmaß wie in den siebziger Jahren im Reallohn niederschlägt.

Die verkürzte Arbeitszeit (1985 etwa 37,7, 1990 35,3 Stunden) besitzt den Vorteil eines geringeren Arbeitslosenniveaus. Dies schlägt sich auch in reduzierten Beträgen aus der Arbeitslosenversicherung nieder. Immerhin ergeben sich Arbeitslosenziffern, die zwei- bis dreimal so hoch wie 1980 liegen dürften.

Da die Mikroelektronik wie in Szenario 1 voll aus dem Ausland importiert wird, ergeben sich erhöhte Importwerte, die für 1985 durch die gestiegenen Konsumausgaben nicht kompensiert werden können. Der Außenbeitrag verschlechtert sich daher um etwa 10 Mrd. S. Die Einführung der Mikroelektronik in diesem Szenario erhöht die Zahl der hypothetischen Arbeitslosen um mehr als 100.000. Die Beschäftigten verringern sich um mehr als 3%. Die Produktivität — und in ihrem Gefolge die Reallöhne — steigen etwas langsamer als in Szenario 1.

Wie in Szenario 1 sind Frauen von Freisetzungen prozentuell etwas stärker betroffen als Männer, die Diskrepanz steigt für 1990 weiter an. Die Gruppe

82

## Szenario 2: Langsame Verbreitung der Mikroelektronik
### Arbeitszeitverkürzung

| | LANGS85/2 | LANGS90/2 |
|---|---|---|
| *In Mrd. S, zu Preisen 1976* | | |
| Investitionen | 280 | 365 |
| Konsum privat | 532 | 607 |
| öffentlich | 149 | 163 |
| Exporte i. w. S. | 432 | 585 |
| Importe i. w. S. | 452 | 605 |
| Außenbeitrag | −19,3 | −20,5 |
| Brutto-Inlandsprodukt | 942 | 1.114 |
| Nettolohn pro Kopf (1.000 S) | 123 | 136 |
| Arbeitszeit (Wochendurchschnitt) | 37,7 | 35,3 |
| Hypothetische Arbeitslose (1.000 Personen) | 224 | 165 |
| Arbeitslosenunterstützung | 9,4 | 7,6 |
| Mikroelektronikeinsatz | | |
| Produktionsprozeß | | |
| Verbreitungsgrad $v$ | 15,6 | 23,9 |
| Ausgerüstete Arbeitsplätze $T'$ | 97 | 150 |
| Freigesetzte $F'$ | 52 | 78 |
| Produkte | | |
| Verbreitungsgrad $v$ | 18,0 | 28,7 |
| Ausgerüstete Arbeitsplätze $T'$ | 36 | 60 |
| Freigesetzte $F'$ | 6 | 9 |
| Büro | | |
| Verbreitungsgrad $v$ | 10,7 | 20,9 |
| Ausgerüstete Arbeitsplätze $T'$ | 29 | 60 |
| Freigesetzte $F'$ | 29 | 60 |
| Investitionen für Mikroelektronik | 15,2 | 15,5 |
| Beschäftigte (1.000 Personen) | 3.170 | 3.277 |
| Männer | 1.874 | 1.934 |
| davon (in %) Hochschule | 5,2 | 5,8 |
| Matura | 8,2 | 8,7 |
| Fachschule | 5,9 | 5,9 |
| Sonstige | 80,7 | 79,6 |
| Frauen | 1.296 | 1.343 |
| davon (in %) Hochschule | 2,2 | 2,5 |
| Matura | 8,0 | 8,7 |
| Fachschule | 16,5 | 16,6 |
| Sonstige | 73,3 | 72,2 |
| Anteil an den Beschäftigten (in %) | | |
| Landwirtschaft | 9,6 | 8,4 |
| Industrie | 37,0 | 35,8 |
| Dienstleistungen | 53,4 | 55,8 |
| BIP je Beschäftigten (1.000 S) | 297 | 340 |
| *Durchschnittliche jährliche Veränderung seit 1976 in %* | | |
| Produktivitätswachstum | 2,93 | 2,86 |
| Beschäftigungswachstum | − 0,18 | + 0,12 |
| Netto-Lohnwachstum | 2,21 | 2,15 |
| Wirtschaftswachstum | 2,73 | 2,97 |

der sonstigen Qualifikationen bei Männern und Frauen und die Absolventinnen von Fachschulen sind wie in Szenario 1 am stärksten von Einsparungen betroffen.

Da die Verbreitungsgeschwindigkeit in Szenario 2 niedriger liegt als in Szenario 1, was mit geringeren Produktivitätssteigerungen verbunden ist, ergeben sich für 1990 in Szenario 2 relativ geringere Kompensationseffekte durch Nachfrageausweitungen gegenüber dem Szenario 1. Einsparungen an Energie bewirken Freisetzungen in vergleichbaren Größenordnungen wie im vorangegangenen Szenario (für Detailzahlen siehe die Übersichten 5.8 und 5.9).

Übersicht 5.9

**Szenario 2: Mikroelektronik-Effekte**

| | Differenz zwischen den Varianten | | | |
| --- | --- | --- | --- | --- |
| | *LANGS85/2 —*<br>*STAND85/2* | | *LANGS90/2 —*<br>*STAND90/2* | |
| | absolut | in % | absolut | in % |
| *In Mrd. S, zu Preisen 1976* | | | | |
| Konsum privat | + 3 | + 0,6 | + 11 | + 1,8 |
| öffentlich | — 1 | + 0,7 | + 1 | + 0,6 |
| Exporte i. w. S. | — 4 | — 0,9 | + 1 | + 0,2 |
| Importe i. w. S. | + 7 | + 1,6 | + 10 | + 1,7 |
| Außenbeitrag | — 9,9 | — | — 10,2 | — |
| Brutto-Inlandsprodukt | — 8 | — 0,8 | + 1 | + 0,1 |
| Staatshaushalt | — 7,6 | — | — 11,3 | — |
| Nettolohn pro Kopf (1.000 S) | + 2 | + 1,7 | + 5 | + 3,8 |
| Hypothetische Arbeitslose (1.000 Personen) | +106 | + 89,8 | +136 | +460 |
| Arbeitslosenunterstützung | + 4,6 | + 95,8 | + 6,3 | +485 |
| Beschäftigte (1.000 Personen) | —106,5 | — 3,3 | —136,1 | — 4,0 |
| Männer | — 60,5 | — 3,1 | — 70,0 | — 3,5 |
| davon Hochschule | + 0,4 | — | + 1,8 | — |
| Matura | + 0,1 | — | + 2,2 | — |
| Fachschule | — 1,0 | — | — 0 | — |
| Sonstige | — 60,0 | — | — 75,0 | — |
| Frauen | — 45,9 | — 3,4 | — 66,1 | — 4,7 |
| davon Hochschule | + 0,2 | — | + 0,7 | — |
| Matura | — 0,4 | — | + 0,2 | — |
| Fachschule | — 10,2 | — | — 18,6 | — |
| Sonstige | — 35,6 | — | — 49,0 | — |
| BIP je Beschäftigten (1.000 S) | + 7 | + 2,4 | + 14 | + 4,3 |
| Veränderung der Beschäftigtenzahl durch | | | | |
| Produktivitätsveränderung | — 85,0 | — | —146,4 | — |
| Nachfrageveränderung | — 20,5 | — | + 11,5 | — |
| Energiesparen | — 1,0 | — | — 1,3 | — |
| Interaktionseffekte | 0 | — | + 0,1 | — |

### 5.3.3 SZENARIO 3: REDUZIERTE ARBEITSZEIT, HERSTELLUNG DER MIKROELEKTRONIK IM INLAND

Um anhand des Modells die maximalen Auswirkungen einer Umstellung von Import auf Inlandsproduktion bei mikroelektronischen Geräten studieren zu können, wurde ein Szenario 3 aufgebaut. Hier gilt die Voraussetzung der reduzierten Arbeitszeit wie im vorangegangenen Szenario, nur wird das gesamte jährliche Investitionsvolumen an mikroelektronischen Geräten hypothetisch im Inland hergestellt. Die Realisierung dieses Szenarios ist nur möglich, wenn die Ausgaben für Forschung und Entwicklung erheblich ausgeweitet werden, die nötige Ausbildungskapazität bereitgestellt wird und ein innovatives Klima in der österreichischen Wirtschaft erzeugt wird. Es kommt hier nicht darauf an, die Chips selbst zu produzieren, sondern Geräte, die mit Mikroelektronik ausgerüstet sind, wie z. B. Drehautomaten, Prozeßsteuerungsanlagen, intelligente Schreibmaschinen usw. Es fällt also nicht nur der rein elektronische Anteil bei den Investitionen ins Gewicht, sondern es werden auch Auswirkungen in den Branchen Maschinenbau, Metallwaren, Elektroindustrie und Fahrzeugbau angenommen. Dadurch gewinnt das Szenario an Realitätsgehalt, obwohl damit nicht behauptet wird, daß jemals in Österreich alle diese Geräte wirklich hergestellt werden könnten. Die Ergebnisse dieses Szenarios findet man in den Übersichten 5.10 und 5.11.

Wie zu erwarten reduziert sich vor allem das Außenhandelsdefizit. Die Exporte steigen wesentlich stärker als die Importe. Der private Konsum zeigt eine deutliche Zunahme gegenüber der Standardvariante, aber auch gleichzeitig gegenüber dem Szenario 2. Das Brutto-Inlandsprodukt liegt um rund 3% höher als in einer Situation ohne Mikroelektronik. Dasselbe gilt für den Produktivitätszuwachs und damit auch für die Pro-Kopf-Löhne.

Besonders günstige Ergebnisse liefert Szenario 3 für die hypothetischen Arbeitslosenzahlen. Die Ausweitung der Nachfrage kompensiert nämlich 1985 vollkommen den Verlust an Arbeitsplätzen, der durch Mikroelektronik entstanden ist. Dennoch wäre nach wie vor mit den 118.000 Arbeitslosen zu rechnen, die ohne Mikroelektronik anfallen.

Stärker als in allen anderen Szenarios steigt die Nachfrage nach hochqualifizierten Arbeitskräften, sowohl bei Männern als auch bei Frauen. Niedrigere Qualifikationen nehmen wie in allen anderen Szenarios ab, jedoch in wesentlich geringerem Ausmaß. Für 1985 zeigt sich, daß die 90.000 durch Mikroelektronik freigesetzten Arbeitskräfte durch die Erweiterung der Nachfrage voll wiederbeschäftigt werden könnten, allerdings unter Veränderung der Qualifikation. Diese günstige Bilanz läßt sich im Jahre 1990 nicht mehr ganz aufrecht halten. 1990 erreicht der Wiederbeschäftigungseffekt nur die Größenordnung von zwei Drittel der Freisetzungen.

## Szenario 3: Inländische Erzeugung
### Arbeitszeitverkürzung

|  | NATIO85/2 | NATIO90/2 |
|---|---|---|
| *In Mrd. S, zu Preisen 1976* | | |
| Investitionen | 280 | 365 |
| Konsum privat | 545 | 619 |
| öffentlich | 155 | 168 |
| Exporte i. w. S. | 449 | 603 |
| Importe i. w. S. | 451 | 606 |
| Außenbeitrag | − 1,9 | − 2,7 |
| Brutto-Inlandsprodukt | 978 | 1.149 |
| Nettolohn pro Kopf (1.000 S) | 124 | 137 |
| Arbeitszeit (Wochendurchschnitt) | 37,7 | 35,3 |
| Hypothetische Arbeitslose (1.000 Personen) | 118 | 76 |
| Arbeitslosenunterstützung | 5,0 | 3,5 |
| Mikroelektronikeinsatz | | |
| Produktionsprozeß | | |
| Verbreitungsgrad $v$ | 15,6 | 23,9 |
| Ausgerüstete Arbeitsplätze $T'$ | 97 | 150 |
| Freigesetzte $F'$ | 52 | 78 |
| Produkte | | |
| Verbreitungsgrad $v$ | 18,0 | 28,7 |
| Ausgerüstete Arbeitsplätze $T'$ | 36 | 60 |
| Freigesetzte $F'$ | 6 | 9 |
| Büro | | |
| Verbreitungsgrad $v$ | 10,7 | 20,9 |
| Ausgerüstete Arbeitsplätze $T'$ | 29 | 60 |
| Freigesetzte $F'$ | 29 | 60 |
| Investitionen für Mikroelektronik | 15,2 | 15,4 |
| Beschäftigte (1.000 Personen) | 3.276 | 3.366 |
| Männer | 1.940 | 1.989 |
| davon (in %) Hochschule | 5,2 | 5,8 |
| Matura | 8,2 | 8,7 |
| Fachschule | 5,9 | 5,9 |
| Sonstige | 80,7 | 79,6 |
| Frauen | 1.336 | 1.376 |
| davon (in %) Hochschule | 2,2 | 2,5 |
| Matura | 8,0 | 8,7 |
| Fachschule | 16,5 | 16,6 |
| Sonstige | 73,2 | 72,2 |
| Anteil an den Beschäftigten (in %) | | |
| Landwirtschaft | 9,5 | 8,3 |
| Industrie | 37,4 | 36,2 |
| Dienstleistungen | 53,1 | 55,5 |
| BIP je Beschäftigten (1.000 S) | 299 | 341 |
| *Durchschnittliche jährliche Veränderung seit 1976 in %* | | |
| Produktivitätswachstum | 3,01 | 2,89 |
| Beschäftigungswachstum | 0,18 | 0,31 |
| Netto-Lohnwachstum | 2,31 | 2,20 |
| Wirtschaftswachstum | 3,16 | 3,20 |

**Szenario 3: Mikroelektronik-Effekte**

| | Differenz zwischen den Varianten | | | |
| --- | --- | --- | --- | --- |
| | *NATIO85/2 —* *STAND85/2* | | *NATIO90/2 —* *STAND90/2* | |
| | absolut | in % | absolut | in % |
| *In Mrd. S, zu Preisen 1976* | | | | |
| Konsum privat | + 16 | + 3,0 | + 23 | + 3,9 |
| öffentlich | + 5 | + 3,3 | + 6 | + 3,7 |
| Exporte i. w. S. | + 13 | + 3,0 | + 19 | + 3,3 |
| Importe i. w. S. | + 6 | + 1,3 | + 11 | + 1,8 |
| Außenbeitrag | + 7,5 | — | + 7,6 | — |
| Brutto-Inlandsprodukt | + 28 | + 2,9 | + 36 | + 3,2 |
| Staatshaushalt | — 1,8 | — | — 4,5 | — |
| Nettolohn pro Kopf (1.000 S) | + 3 | + 2,5 | + 6 | + 4,6 |
| Hypothetische Arbeitslose (1.000 Personen) | + 1 | + 0,5 | + 47 | + 162,1 |
| Arbeitslosenunterstützung | + 0,2 | + 4,2 | + 2,2 | + 169,2 |
| Beschäftigte (1.000 Personen) | — 0,6 | 0 | — 47,3 | — 1,4 |
| Männer | + 5,9 | + 0,3 | + 14,4 | — 0,7 |
| davon Hochschule | + 3,3 | — | + 4,6 | — |
| Matura | + 5,5 | — | + 7,1 | — |
| Fachschule | + 2,8 | — | + 3,3 | — |
| Sonstige | — 5,8 | — | — 28,8 | — |
| Frauen | — 6,5 | —0,5 | — 32,9 | — 2,3 |
| davon Hochschule | + 1,0 | — | + 1,5 | — |
| Matura | + 2,8 | — | + 3,2 | — |
| Fachschule | — 3,6 | — | — 12,8 | — |
| Sonstige | — 6,7 | — | — 24,3 | — |
| BIP je Beschäftigten (1.000 S) | + 9 | + 3,1 | + 16 | + 4,9 |
| Veränderung der Beschäftigtenzahl durch | | | | |
| Produktivitätsveränderung | —90,0 | — | —153,0 | — |
| Nachfrageveränderung | + 90,4 | — | + 107,0 | — |
| Energiesparen | — 1,0 | — | — 1,3 | — |
| Interaktionseffekte | 0 | — | 0 | — |

## 5.3.4 SZENARIO 1A: EXPORTERFOLGE

In den vergangenen Szenarios fand eine Veränderung der Konkurrenzfähigkeit der österreichischen Volkswirtschaft gegenüber dem Ausland keine Berücksichtigung, da die Entwicklungen im Ausland nicht vorhersagbar sind.

Um eine denkbare Verbesserung der Exportchancen zu simulieren, werden im folgenden Szenario 1A für 1990 unter sonst gleichen Annahmen wie in Szenario 1 (d. h. Arbeitszeit wie 1980, rasche Einführung der Mikroelektronik, Import der notwendigen Mikroelektronik-Investitionsgüter) die Auswirkungen eines autonomen exogenen Exportschubs dargestellt. Diese im Aus-

# Szenario 1A: Rasche Verbreitung der Mikroelektronik
## Arbeitszeit konstant 1980; Erhöhter Exportanteil

RASCH90/1A

*In Mrd. S, zu Preisen 1976*

| | |
|---|---:|
| Investitionen | 365 |
| Konsum privat | 698 |
| öffentlich | 183 |
| Exporte i. w. S. | 691 |
| Importe i. w. S. | 683 |
| Außenbeitrag | + 8,45 |
| Brutto-Inlandsprodukt | 1.254 |
| Nettolohn pro Kopf (1.000 S) | 161 |
| Arbeitszeit (Wochendurchschnitt) | 39,9 |
| Hypothetische Arbeitslose (1.000 Personen) | 253 |
| Arbeitslosenunterstützung | 13,7 |

Mikroelektronikeinsatz
Produktionsprozeß

| | |
|---|---:|
| Verbreitungsgrad $v$ | 35,7 |
| Ausgerüstete Arbeitsplätze $T'$ | 208 |
| Freigesetzte $F'$ | 109 |

Produkte

| | |
|---|---:|
| Verbreitungsgrad $v$ | 28,7 |
| Ausgerüstete Arbeitsplätze $T'$ | 55 |
| Freigesetzte $F'$ | 8 |

Büro

| | |
|---|---:|
| Verbreitungsgrad $v$ | 31,3 |
| Ausgerüstete Arbeitsplätze $T'$ | 84 |
| Freigesetzte $F'$ | 84 |
| Investitionen für Mikroelektronik | 19,4 |
| Beschäftigte (1.000 Personen) | 3.189 |
| Männer | 1.879 |
| davon (in %) Hochschule | 5,9 |
| Matura | 8,8 |
| Fachschule | 6,0 |
| Sonstige | 79,3 |
| Frauen | 1.310 |
| davon (in %) Hochschule | 2,5 |
| Matura | 8,7 |
| Fachschule | 16,0 |
| Sonstige | 72,7 |

Anteil an den Beschäftigten (in %)

| | |
|---|---:|
| Landwirtschaft | 9,8 |
| Industrie | 34,7 |
| Dienstleistungen | 55,5 |
| BIP je Beschäftigten (1.000 S) | 393 |

*Durchschnittliche jährliche Veränderung seit 1976 in %*

| | |
|---|---:|
| Produktivitätswachstum | 3,93 |
| Beschäftigungswachstum | — 0,07 |
| Netto-Lohnwachstum | 3,39 |
| Wirtschaftswachstum | 3,85 |

maß willkürliche Annahme führt zu einer *aktiven* Leistungsbilanz, was als optimistische, aber nicht unmögliche Entwicklung zu bewerten ist.

Auf Grund des simultanen Charakters des ökonometrischen Modells induziert die Exportoffensive über den Multiplikatoreffekt ein zusätzliches Wachstum auch bei den übrigen Komponenten der Endnachfrage. Die bessere Beschäftigungslage führt zu einer zusätzlichen Steigerung des privaten Konsums, dadurch und durch zusätzliche Vorleistungen steigen auch die Importe etc. Zuletzt resultiert ein gegenüber der Variante *RASCH90/1* um 5,4% erhöhtes BIP, wobei der Gesamtzuwachs der Exporte (das ist die relevante exogene Veränderung) mit 10,7% bzw. 67 Mrd. S den stärksten Bei-

*Übersicht 5.13*

**Szenario 1A: Mikroelektronik-Effekte**
Exporteffekte

| | Differenz zwischen den Varianten | | | |
| --- | --- | --- | --- | --- |
| | *RASCH90/1A —*<br>*STAND90/1* | | *RASCH90/1A —*<br>*RASCH90/1* | |
| | absolut | in % | absolut | in % |
| *In Mrd. S, zu Preisen 1976* | | | | |
| Konsum privat | + 44 | + 6,7 | + 23 | + 3,4 |
| öffentlich | + 11 | + 6,3 | + 9 | + 5,2 |
| Exporte i. w. S. | + 72 | +11,6 | + 67 | +10,7 |
| Importe i. w. S. | + 52 | + 8,2 | + 35 | + 5,4 |
| Außenbeitrag | + 19,4 | — | + 32,3 | — |
| Brutto-Inlandsprodukt | + 74 | + 6,3 | + 64 | + 5,4 |
| Staatshaushalt | — 6,0 | — | + 11,5 | — |
| Nettolohn pro Kopf (1.000 S) | + 11 | + 7,3 | + 2 | + 1,3 |
| Hypothetische Arbeitslose (1.000 Personen) | + 32 | +15,0 | —133 | —34,5 |
| Arbeitslosenunterstützung | + 2,5 | +22,3 | — 7,2 | —34,4 |
| Beschäftigte (1.000 Personen) | — 32,4 | — 1,0 | +133,4 | + 4,4 |
| Männer | — 4,5 | — 0,2 | + 75,5 | + 4,2 |
| davon Hochschule | + 7,3 | — | + 4,2 | — |
| Matura | + 10,7 | — | + 6,7 | — |
| Fachschule | + 5,7 | — | + 4,9 | — |
| Sonstige | — 28,2 | — | + 61,7 | — |
| Frauen | — 27,8 | — 2,1 | + 55,9 | + 4,5 |
| davon Hochschule | + 2,3 | — | + 1,2 | — |
| Matura | + 5,2 | — | + 4,4 | — |
| Fachschule | — 16,5 | — | + 8,5 | — |
| Sonstige | — 18,8 | — | + 41,8 | — |
| BIP je Beschäftigten (1.000 S) | + 27 | + 7,4 | + 3 | + 0,8 |
| Veränderung der Beschäftigtenzahl durch | | | | |
| Produktivitätsveränderung | —213,2 | — | 0 | — |
| Nachfrageveränderung | +182,6 | — | +133,4 | — |
| Energiesparen | — 1,8 | — | 0 | — |
| Interaktionseffekte | 0 | — | 0 | — |

trag liefert. Szenario 1A ist die einzige Variante mit einem positiven Außenbeitrag (+ 8,45 Mrd. S zu Preisen 1976), was gegenüber der Standardvariante eine Verbesserung um 19,3 Mrd. S, gegenüber der Variante mit rascher Verbreitung ohne Exportausweitung sogar um 32,3 Mrd. S bedeutet.

Diese beachtlichen Erfolge im Export bringen zwar 133.000 zusätzliche Arbeitsplätze, mit insgesamt 253.000 Arbeitslosen bleibt Szenario 1A jedoch immer noch deutlich über den Varianten *LANGS90/2* und *NATIO90/2*, die bei Arbeitszeitverkürzung bzw. zusätzlicher inländischer Produktion der mikroelektronischen Anlagegüter nur 165.000 respektive 76.000 Arbeitslose aufweisen (vgl. Übersichten 5.12 und 5.13).


### 5.3.5 SZENARIO 4: REDUKTION DES ERWERBSTÄTIGENPOTENTIALS

Aus Gründen der Aktualität soll auch eine Ergänzung zu Szenario 2 angeführt werden: Die Folgen der Herabsetzung des Pensionsalters für Nachtschicht- und Schwerarbeiter. Zur Darstellung dieser Politik wurden folgende Annahmen getroffen: Es wurde die Zahl der *Pensionisten um 50.000* bis zum Jahr 1985 gegenüber der Standardvariante *angehoben.* Dadurch verringert sich das Erwerbstätigenpotential im selben Ausmaß. Im übrigen wurden die Annahmen des Szenario 2 für 1985 beibehalten, das sind *verkürzte Arbeitszeit, konstante Investitionen* und *voller Import* der Mikroelektronikinvestitionen.

Die Folgen dieser Maßnahme zeigen sich vor allem in der Reduktion der hypothetischen Arbeitslosenzahl um 65.000. In Szenario 2 ergab sich für 1985 eine erhebliche Zahl von Arbeitslosen. Im vorliegenden Szenario wird ein Teil von ihnen sozusagen als Pensionisten gezählt. Dadurch steigt das Einkommen dieser Personengruppe insgesamt an und erhöht die Nachfrage nach Beschäftigten. Allerdings wird der Staatshaushalt um beinahe 2 Mrd. S mehr belastet als in Szenario 2.

Es ergeben sich keine wesentlichen Änderungen in den Löhnen und der Produktivität gegenüber Szenario 2 (siehe Übersichten 5.14 und 5.15, 1. Spalte).


### 5.3.6 SZENARIO 5: VOLLE VERBREITUNG DER MIKROELEKTRONIK

Um eine Vorstellung von der Größenordnung der Freisetzungen zu erhalten, die bei gegebener Berufsstruktur in Österreich möglich wären, wurde eine

90

# Szenarien 4 und 5: Frühpension — Maximale Verbreitung

|  | Frühpension[1]) | Maximale Verbreitung |
|---|---|---|
| *In Mrd. S, zu Preisen 1976* | 1985 | 1990 |
| Investitionen | 280 | 365 |
| Konsum privat | 536 | 727 |
| öffentlich | 150 | 180 |
| Exporte i. w. S. | 434 | 646 |
| Importe i. w. S. | 454 | 687 |
| Außenbeitrag | —19,4 | —40,7 |
| Brutto-Inlandsprodukt | 947 | 1.231 |
| Nettolohn pro Kopf (1.000 S) | 123 | 180 |
| Arbeitszeit (Wochendurchschnitt) | 37,7 | 40,3 |
| Hypothetische Arbeitslose (1.000 Personen) | 159 | 645 |
| Arbeitslosenunterstützung | 6,6 | 39,1 |
| Mikroelektronikeinsatz | | |
| Produktionsprozeß | | |
| Verbreitungsgrad $v$ | 15,6 | 1 |
| Ausgerüstete Arbeitsplätze $T'$ | 97 | 593 |
| Freigesetzte $F'$ | 52 | 296 |
| Produkte | | |
| Verbreitungsgrad $v$ | 18,0 | 0 |
| Ausgerüstete Arbeitsplätze $T'$ | 36 | 0 |
| Freigesetzte $F'$ | 6 | 0 |
| Büro | | |
| Verbreitungsgrad $v$ | 10,7 | 1 |
| Ausgerüstete Arbeitsplätze $T'$ | 29 | 269 |
| Freigesetzte $F'$ | 29 | 269 |
| Investitionen für Mikroelektronik | 15,2 | 44,3 |
| Beschäftigte (1.000 Personen) | 3.185 | 2.797 |
| Männer | 1.882 | 1.712 |
| davon (in %) Hochschule | 5,3 | 6,6 |
| Matura | 8,2 | 9,8 |
| Fachschule | 5,9 | 6,6 |
| Sonstige | 80,7 | 77,0 |
| Frauen | 1.303 | 1.085 |
| davon (in %) Hochschule | 2,2 | 3,1 |
| Matura | 8,0 | 10,3 |
| Fachschule | 16,5 | 13,6 |
| Sonstige | 73,3 | 73,1 |
| Anteil an den Beschäftigten (in %) | | |
| Landwirtschaft | 9,6 | 11,3 |
| Industrie | 37,0 | 31,9 |
| Dienstleistungen | 53,4 | 56,8 |
| BIP je Beschäftigten (1.000 S) | 297 | 440 |
| *Durchschnittliche jährliche Veränderung seit 1976 in %* | | |
| Produktivitätswachstum | 2,93 | 4,78 |
| Beschäftigungswachstum | — 0,13 | — 1,01 |
| Netto-Lohnwachstum | 2,21 | 4,21 |
| Wirtschaftswachstum | 2,79 | 3,71 |

[1]) Annahme: Zusätzlich 50.000 Pensionisten.

**Szenarien 4 und 5: Mikroelektronik-Effekte**

| | Frühpension | | Maximale Verbreitung | |
| --- | --- | --- | --- | --- |
| | Differenz zwischen den Varianten | | | |
| | *PENSI85/2 —*<br>*LANGS85/2* | | *MAXME90/1 —*<br>*STAND90/1* | |
| | absolut | in % | absolut | in % |
| *In Mrd. S, zu Preisen 1976* | | | | |
| Konsum privat | + 4 | + 0,8 | + 73 | + 11,2 |
| öffentlich | + 1 | + 0,7 | + 8 | + 4,7 |
| Exporte i. w. S. | + 2 | + 0,5 | + 27 | + 4,4 |
| Importe i. w. S. | + 2 | + 0,4 | + 56 | + 8,9 |
| Außenbeitrag | 0 | — | — 29,8 | — |
| Brutto-Inlandsprodukt | + 5 | + 0,5 | + 51 | + 4,3 |
| Staatshaushalt | — 1,7 | — | — 51,1 | — |
| Nettolohn pro Kopf (1.000 S) | 0 | 0 | + 30 | + 20,0 |
| Hypothetische Arbeitslose (1.000 Personen) | —65 | —29 | +425 | +193 |
| Arbeitslosenunterstützung | — 2,8 | —30,0 | + 27,9 | +249 |
| Beschäftigte (1.000 Personen) | +15,1 | + 0,5 | —424,5 | — 13,2 |
| Männer | 8,1 | 0,4 | —172,2 | — 9,1 |
| davon Hochschule | 0,5 | — | + 9,8 | — |
| Matura | 0,8 | — | + 13,0 | — |
| Fachschule | 0,5 | — | + 5,3 | — |
| Sonstige | 6,3 | — | —200,3 | — |
| Frauen | 7,0 | + 0,6 | —252,3 | — 18,8 |
| davon Hochschule | 0,2 | — | + 3,0 | — |
| Matura | 0,6 | — | + 2,3 | — |
| Fachschule | 1,1 | — | — 79,2 | — |
| Sonstige | 5,1 | — | —178,4 | — |
| BIP je Beschäftigten (1.000 S) | 0 | 0 | + 74 | + 20,2 |
| Veränderung der Beschäftigtenzahl durch | | | | |
| Produktivitätsveränderung | 0 | — | —588,3 | — |
| Nachfrageveränderung | 15,1 | — | +169,1 | — |
| Energiesparen | 0 | — | — 6,5 | — |
| Interaktionseffekte | 0 | — | + 1,2 | — |

Variante berechnet, in der der Verbreitungsgrad der Mikroelektronik in Produktion und Büros 100% erreicht hat. Diese Variante wurde dem Standardszenario aus dem Jahre 1990 bei konstanter Arbeitszeit 1980 aufgeprägt (siehe Übersichten 5.14 und 5.15, letzte Spalte).

Die Mikroelektronikinvestitionen werden in diesem Fall wieder aus dem Ausland bezogen. Die stark gestiegene Produktivität (+10%) erhöht vor allem den privaten Konsum, der das Ausmaß der Importsteigerungen bei weitem kompensiert. Die Leistungsbilanz verschlechtert sich allerdings um rund 30 Mrd. S. Es ist jedoch zu bedenken, daß die wesentlich verbesserte Exportsituation auf den internationalen Märkten keine Berücksichtigung gefunden hat.

Bei produktivitätsorientierter Lohnpolitik ergeben sich (da die Produktivität um etwa 20% gegenüber der Standardvariante ansteigt) Lohnsteigerungen im gleichen prozentuellen Ausmaß. Gleichzeitig erreicht jedoch die hypothetische Arbeitslosenzahl eine Größenordnung von mehr als 600.000. Die Arbeitslosen stammen zu rund 300.000 aus dem Produktionsprozeß, zu etwa 270.000 aus dem Bürosektor. Die erhöhte Nachfrage kompensiert jedoch rund 170.000 der verlorengegangenen Arbeitsplätze. Die Wirkung der Energieeinsparungen ist in der Sättigungsvariante erwartungsgemäß höher als in allen anderen Szenarios. Durch sie werden mehr als 6.000 Arbeitsplätze überflüssig.

Unsere Ergebnisse stimmen nicht mit ausländischen Abschätzungen überein, die besagen, daß man bei voller Verbreitung der Mikroelektronik mit weniger als der Hälfte des derzeitigen Beschäftigungspotentials das Auslangen finden wird. Nach unseren Berechnungen hält sich der Verlust an Arbeitsplätzen unter der Marke von 500.000, das ist etwa ein Sechstel der heutigen Arbeitsplätze, setzt man heute bekannte Mikroelektronik-Techniken voraus.

Es scheint interessant, auch die formale Qualifikationsstruktur der freigesetzten Arbeitskräfte zu betrachten. Während bei Männern größte Zuwachsraten für Maturanten, gefolgt von Akademikern und dann von Fachschülern zu erwarten sind, erreicht die vermehrte Nachfrage nach Akademikerinnen etwa 3.000, nach Maturantinnen 2.300. Vernichtet werden vorwiegend die untersten Qualifikationen — 200.000 Arbeitsplätze, die von Männern, mehr als 250.000 Arbeitsplätze, die von Fachschulabsolventinnen und sonstigen Qualifikationen bei Frauenberufen besetzt waren. Der stärkere Rückgang bei weiblichen Arbeitskräften in der Sättigungsvariante ist eine Folge der verstärkten Bürorationalisierung. Es wäre daher vordringliches Ziel der Gewerkschaften, der Arbeitsplatzsicherung für weibliche Arbeitskräfte besonderes Augenmerk zu schenken und die entsprechenden ergänzenden Maßnahmen (Umschulung, Arbeitsmarktföderung usw.) in ausreichendem Umfang sicherzustellen.


## Anmerkungen

[1]) Siehe 2. Zwischenbericht des Institutes für sozio-ökonomische Entwicklungsforschung, März 1980.
[2]) Siehe 1. Zwischenbericht des Institutes für sozio-ökonomische Entwicklungsforschung, Oktober 1979.

[3]) *Beirat für Wirtschafts- und Sozialfragen:* Längerfristige Arbeitsmarktentwicklung, Wien 1980.

[4]) Siehe *G. Arminger:* Ein Verfahren zur Rekonstruktion mangelhafter Strukturdaten, Mitteilungsblatt der Österreichischen Gesellschaft für Statistik und Informatik, Nr. 40, Wien, Dezember 1980, S. 148-164.

[5]) Das Simulationsmodell kann natürlich auch mit anderen Eingabedaten gespeist werden und liefert nach einer Rechenzeit von wenigen Sekunden modifizierte Ergebnisse.

[6]) Die Qualifikationsstruktur des Erwerbspotentials für die jeweiligen Jahre wurde uns freundlicherweise von Dipl. Ing. Dr. *Frank Landler* vom Institut für sozio-ökonomische Entwicklungsforschung der Österreichischen Akademie der Wissenschaften zur Verfügung gestellt.

[7]) Durch Einführung von Mikroelektronik wurde das Ausmaß der traditionellen Investitionen in allen Branchen reduziert und Mikroelektronikinvestitionen in der Höhe dieser Reduktion in der Endnachfrage der Branchen Maschinenbau, Metallwaren, Elektro- und Fahrzeugindustrie hinzugefügt. Dadurch wäre gesichert, daß das Gesamtausmaß der Investitionen unverändert bleibt und sich nur die Struktur ändern würde. Aber auch traditionelle Investitionen werden nicht vollständig im Inland erzeugt, sondern sind Gegenstand von Importen. Es war daher notwendig, im Ausmaß der durchschnittlichen Importanteile an den Investitionen die Importe an herkömmlichen Investitionsgütern zu reduzieren. Je nach Szenario wird festgelegt, ob die Mikroelektronikinvestitionen importiert oder im Inland hergestellt werden. Je nach Variante werden danach die so korrigierten Importe konstant gelassen oder um den Mikroelektronikanteil vermehrt, was im ersten Fall die Endnachfrage relativ erhöhen, im zweiten Fall relativ reduzieren wird.

[8]) Bei diesen Ziffern ist zu beachten, daß die Veränderungen der Arbeitsplatzzahlen kumulativ gesehen werden müssen. Die Standardvariante bezieht sich immer auf eine Wirtschaft, in der Mikroelektronik überhaupt nicht vorkommt. Die Szenario-Ergebnisse können zwar über den zu erwartenden gesamten Endeffekt Auskunft geben, beinhalten aber keine Informationen über den Zeitpunkt der Freisetzung.

94

# 6. Mikroelektronik und Qualifikation[1])

## 6.1 Veränderung der Stellung des Menschen im Arbeitsprozeß durch Automation und Mikroelektronik

6.1.1 Um die durch Automation und Mikroelektronik bewirkten Veränderungen der Arbeitstätigkeiten und Qualifikationsanforderungen zu erfassen, ist es zweckmäßig, davon auszugehen, welche Funktion automatische Systeme im Arbeitsprozeß ausüben und worin der Prozeß der Automatisierung besteht. Das qualitativ Neue der Automation wird besonders deutlich, wenn man sie vor dem Hintergrund der Mechanisierung, deren technische Weiterentwicklung sie darstellt, betrachtet.

Die Stufe der *Mechanisierung* ist dadurch gekennzeichnet, daß Maschinen die ausführende Bewegung von Werkzeugen und den energetischen Antrieb übernehmen. Die zweckmäßige Steuerung und Regulation der Bewegungsausführung unter Berücksichtigung der Materialeigenschaften und sonstigen Rahmenbedingungen bleibt Funktion der menschlichen Arbeitstätigkeit.

An dieser Funktion, im Bereich der Steuerung und Regulation von Arbeitsoperationen, setzt die *Automatisierung* an: sie verlagert diese Funktion in das technische System. Da in automatischen Systemen die Ausführungsfunktionen mechanisierter Systeme erhalten bleiben, können bestimmte Arbeitsprozesse selbsttätig, ohne menschliche Eingriffe, ausgeführt werden.

6.1.2 Die technologischen Leistungsmerkmale der Mikroelektronik sowie ihre kostengünstige Herstellung und Anwendung machen die Mikroelektronik zu der für die Zukunft wichtigsten Automatisierungstechnik. Sie ermöglicht es, in allen Bereichen der Wirtschaft, der industriellen Produktion, aber insbesondere in Verwaltung, Handel und Bankwesen sowie im Konstruktionsbereich Automatisierungsprozesse in großem Maßstab durchzuführen.

Ein Charakteristikum des Automatisierungsprozesses, dessen Bedeutung für die Qualifikationsentwicklung noch zu erörtern sein wird (Resttätigkeiten), besteht darin, daß nach und nach immer mehr Operationen und Teilarbeitsprozesse einbezogen und zu einheitlichen automatischen Systemen zusammengefaßt werden. Verschiedene Operationen werden zu aufeinander abgestimmten Elementen innerhalb eines Regelsystems. Die automatischen Systeme nehmen dadurch an Umfang und Komplexität zu, verschiedene Arbeitsbereiche (Arbeitsvorbereitung, Fertigung/Produktion, Produktionsplanung, Verwaltung) werden miteinander verbunden.

6.1.3 Die genannten Merkmale der Automation verändern die Stellung des Menschen im Arbeitsprozeß. Ist die menschliche Arbeitskraft auf Grund ihrer Steuerungsfunktion für die Maschinenbewegungen integraler Bestandteil des mechanisierten Systems, also räumlich, zeitlich und funktionell an die Maschine und die Arbeitsausführung gebunden, so lockert sich diese Bindung bei automatischen Systemen. Der Schwerpunkt des menschlichen Arbeitshandelns verlagert sich auf den *zielführend-planenden Einsatz* und die *Kontrolle* der Anlagen, die die Arbeitsausführung übernehmen. Arbeitsvorbereitung und -planung, Optimierung der technischen und ökonomischen Nutzung sowie Arbeitstätigkeiten im Zusammenhang mit der Übertragung menschlicher Arbeitsoperationen auf automatische Systeme (Analyse von Arbeitsbereichen und Arbeitstätigkeiten, Konstruktion von Anlagen, Software-Entwicklung und Programmierung) gewinnen zunehmend an Bedeutung.

## 6.2 Bedeutung von Automation und Mikroelektronik für die Arbeitstätigkeiten und die Qualifikationsentwicklung

6.2.1 Ein wichtiger Ansatzpunkt für die Erfassung der Qualifikationsveränderungen ist die Frage, welcher Art die Arbeitstätigkeiten sind, die automatischen Anlagen übertragen werden können, also automatisierbar sind.

Automatischen Systemen müssen die einzelnen Operationen, die sie auszuführen haben, ihre Reihenfolge und ihre spezifische Ausformung (wie z. B. Bewegungsrichtung, Bewegungsgröße, Drehzahl und Vorschubgeschwindigkeit bei Werkzeugmaschinen) in Form von *Programmen* vorgegeben werden. Diese Faktoren sind von verschiedenen Bedingungen abhängig (Sollwerte, Materialeigenschaften, Temperaturen, Druckwerte usw.), die sich während des Arbeitsprozesses verändern können. In Programmen müssen daher auch ein System von Bedingungen und die Information enthalten sein, wie beim Eintreten bestimmter Bedingungskonstellationen Entscheidungen getroffen werden sollen.

Das bedeutet, daß sich für die Automatisierung körperliche und geistige Tätigkeiten eignen, deren Struktur genau bekannt ist und die sich in einem Schema von Operationen und Entscheidungen darstellen lassen. Es handelt sich dabei also um *körperliche und geistige Routinetätigkeiten* mit einem *beschränkten Grad an Bedienungsvariabilität* und einem *hohen Grad an Repetitivität*.

6.2.2 Unter dem Gesichtspunkt des Automatisierungsprozesses sind drei Kategorien von Arbeitstätigkeiten zu unterscheiden. Die Grundlage dieser Kategorisierung ist die unterschiedliche Stellung, die diese Tätigkeiten gegenüber der Automation einnehmen.

a) *Traditionelle Routinetätigkeiten:* Es sind dies handwerkliche und Arbeitstätigkeiten an mechanisierten Systemen, die auf Grund ihrer Schematisierbarkeit automatisiert werden können (Hand- und Bandarbeiten, Montagearbeiten, Maschinenbedienung, Schreibtätigkeiten, Buchungstätigkeiten, Rechenoperationen usw.). Auf Grund ihrer einfachen Struktur und Repetitivität handelt es sich um niederqualifizierte Arbeiten. Sie werden nach und nach aus den einzelnen Arbeitsbereichen herausgelöst und Automaten übertragen oder — wie etwa im Fall der Montage elektronischer Schaltungen, wo mechanische und diskrete elektronische Bauelemente durch Mikroelektronik ersetzt werden — erheblich reduziert.

b) *Automationsspezifische Tätigkeiten:* Es sind dies mit der Automation neu entstehende Tätigkeiten, die den zielführend-planenden Einsatz, die Kontrolle sowie die Instandhaltung und Reparatur automatischer Anlagen zum Inhalt haben. Diese Tätigkeiten basieren einerseits auf der Funktionsweise automatischer Systeme und andererseits auf den spezifischen Anforderungen desjenigen Bereichs, in dem sie eingesetzt werden (z. B. Metallbearbeitung, chemische Prozesse, Buchhaltung, Textherstellung, Konstruktionsaufgaben usw.). Da diese Tätigkeiten einen geringen Anteil an Routine enthalten bzw. dieser Routineanteil mit fortschreitendem Automatisierungsprozeß in die Anlagen verlegt wird, sind sie gegenüber traditioneller Maschinenarbeit als höherqualifiziert einzustufen. Innerhalb des Automatisierungsprozesses sind sie als zukunftsträchtig und entwicklungsfähig anzusehen.

c) *Automationsbedingte Resttätigkeiten:* Dabei handelt es sich zwar ebenfalls um Tätigkeiten, die mit der Automation neu entstehen, ihre Funktion besteht aber darin, das „Material" für die Automaten verarbeitungsgerecht aufzubereiten, den Anlagen zuzuführen oder von ihnen wegzutransportieren. Als Beispiele können genannt werden: das Zuführen und Abnehmen von Arbeitsgegenständen an automatischen Werkzeugmaschinen, Datenaufbereitung und -eingabe, das Aussortieren fehlerhafter Produkte, das Ablesen und Weitergeben von Meßwerten, das Stapeln von Produkten.

Diese Tätigkeiten treten am Rande und in Lücken von automatischen Systemen auf. Sie sind als niederqualifiziert einzustufen, und vielfach handelt es sich um Reste traditioneller Tätigkeiten.

Wie bereits dargestellt (vgl. 6.1.2) zeigt der *Automatisierungsprozeß* jedoch die *Tendenz zur Ausweitung.* Durch die Einbeziehung neuer Arbeitstätigkeiten und -bereiche wird der Umfang automatischer Systeme erweitert. Nach und nach werden die Lücken zwischen automatischen Systemen geschlossen. Wegen ihrer einfachen Struktur sind die bei einem Automatisierungsschritt anfallenden Routinetätigkeiten besonders gut für die Einbeziehung in ein umfassenderes System in einem nächsten Schritt geeignet, oder sie werden dabei so stark reduziert, daß sich ihre Aussonderung als selbständige Tätigkeit nicht lohnt und sie in höherqualifizierte Tätigkeiten integriert werden. Längerfristig haben diese niederqualifizierten Routinetätigkeiten im Prozeß der Automatisierung keinen Bestand.

6.2.3 Insgesamt scheint daher die Annahme gerechtfertigt, daß durch die Automatisierung ein Prozeß in Gang kommt, der *längerfristig* zu einer *Verringerung* der historisch vorhandenen starken *Polarität* zwischen nieder- und hochqualifizierten Arbeitstätigkeiten führen wird. Diese Tendenz zur Höherqualifizierung ist allerdings mit einer Reihe erheblicher sozialer Probleme verbunden (vgl. 6.3).

6.2.4 Eine sich auf vorhandene Literatur und eigene empirische Untersuchungen stützende Analyse ergibt, daß folgende Qualifikationsanforderungen für automationsspezifische Arbeit mit fortschreitendem Automatisierungsprozeß immer mehr an Bedeutung gewinnen werden:

*a) Gegenständlich-technische Qualifikationsdimension*

Mit zunehmender Automatisierung *nimmt die sinnlich-anschauliche Wahrnehmbarkeit* der technischen Funktionsweise *ab*, diese wird zunehmend *komplexer* und *abstrakter*. Daraus entspringt die Notwendigkeit, die Zusammenhänge mit Hilfe von Plänen und Funktionsschemata zu „materialisieren", d. h. zu veranschaulichen. Vom Automationsarbeiter erfordert das nicht nur die Fähigkeit, die Symbolik der Pläne selbst zu verstehen, sondern auch einen wechselseitigen Zusammenhang zwischen Plan und realer Funktionsweise der Anlage herstellen zu können, also einerseits Vorgänge in Funktionsschemata zu übersetzen und darzustellen, und andererseits mit Hilfe vorliegender Funktionsschemata tatsächliche Vorgänge zu rekonstruieren.

Die Erfassung und Beschreibung von Vorgängen mittels *Ablaufschemata* und *Programmiersprachen* bedeutet, daß Arbeitstätigkeiten, die früher manuell durchgeführt wurden, jetzt bewußter erfaßt und geistig durchdrungen werden müssen. Programmiersprachen stellen — wie alle Sprachen — durch ihre Begrifflichkeit ein Bedeutungssystem und ein „Werkzeug des Denkens" dar: Begriffssysteme repräsentieren Gegenstandsbereiche, deren Eigenschaften und Zusammenhänge; sie erlauben ein vorwegnehmendes (antizipierendes) und nachbereitendes (reflexives) handelndes Umgehen mit dem Gegenstandsbereich, auf den sie verweisen, abgehoben vom wirklichen, materiellen Handeln.

*b) Kooperative Qualifikationsdimension*

Mit zunehmender Komplexität der Anlagen und durch die Integration relativ selbständiger Subsysteme (Produktion, Arbeitsvorbereitung, Forschung und Entwicklung, Verwaltung) gewinnt die *Arbeitsorganisation,* die Abstimmung der einzelnen Bereiche miteinander, an Gewicht. Damit wird die Kenntnis der Stellung des eigenen Arbeitsplatzes im Organisationsgeflecht, das Wissen um organisatorische Engpässe und Störmöglichkeiten sowie von alternativen Organisationskonzepten zunehmend wichtiger.

Auf horizontaler Kooperationsebene steigt die *Notwendigkeit* interdisziplinärer *kollektiver Zusammenarbeit* verschiedener Berufsgruppen, des gegenseitigen Informierens, des gemeinsamen Arbeitens an einem Problem, der gegenseitigen Hilfestellung.

Das vertikale Kooperationsverhältnis Untergebener-Vorgesetzer verändert sich durch die *Zunahme der Entscheidungskompetenz der Untergebenen,* auf deren Sachinformation Vorgesetzte in ihren Entscheidungen angewiesen sind. Das gemeinsame Durcharbeiten von Aufträgen und Plänen mit Vorgesetzten wird notwendig.

*c) Ökonomische Qualifikationsdimension*

Mit der Komplexität der Anlagen nimmt die *Entscheidungsreichweite* und -kompetenz des Anlagenpersonals zu. Von dessen sachkundiger Aufmerksamkeit und Kontrolle, von dessen rechtzeitigem und richtigem Eingreifen, von der Qualität des Einsatzkonzepts für die Anlagen, von der auf Sachkenntnis beruhenden Kooperation hängt die optimale technische und ökonomische Nutzung der Anlagen ab. Damit können ökonomische Gesichtpunkte und Zusammenhänge stärker in das Blickfeld von Automationsarbeitern treten bzw. müssen diese ökonomische Überlegungen stärker und bewußter in ihr Handeln einfließen lassen.

*d) Arbeitsmotivation und Verantwortung*

Die dargestellten Tendenzen in der Qualifikationsentwicklung stellen auch veränderte Anforderungen an die Arbeitsmotivation und Verantwortung der Arbeitenden. Mit der Komplexität der Anlagen steigt der Wert, über den die einzelnen Beschäftigten in ihrer Arbeit verfügen. Die *Auswirkungen von Fehlkonzeptionen und Fehlbedienungen* nehmen in ihrer Reichweite zu. Produktionsstillstand und unsachgemäße Behandlung können hohen finanziellen Schaden verursachen. Die höheren Qualifikationsanforderungen setzen auf seiten der Arbeitenden ein *höheres Sachinteresse* für den Arbeitsprozeß voraus.

6.2.5 Das Steigen der Qualifikationsanforderungen und die Zunahme der Bedeutung von Arbeitsmotivation und Verantwortung kann dem Interesse der Unternehmen widersprechen, durch arbeitsorganisatorische Maßnahmen Tätigkeiten so weit wie möglich zu zerlegen (taylorisieren), um höhere Qualifikationsanforderungen auf eine möglichst kleine Gruppe zu beschränken und das Arbeitsgeschehen „von oben" zu kontrollieren. Die vom Automationsprozeß ausgehenden Anforderungen und die ökonomischen Unternehmerinteressen geraten miteinander in Konflikt. Es sind daher in den Betrieben Maßnahmen zur stärkeren Kontrolle und Strategien zur psychologischen Mitarbeiterführung festzustellen.

## 6.3 Gesellschaftliche und soziale Probleme im Zusammenhang mit der Qualifikationsentwicklung

6.3.1 Automatische Anlagen (Prozeßsteueranlagen, Werkzeugmaschinen, Roboter und mikroelektronische Bauelemente in der Produktion, automatische Dokumentationsverfahren, Datenbanken und automatische Textverarbeitungssysteme in öffentlicher und privater Verwaltung, Handel und Bankwesen) bewirken in allen Bereichen, in denen sie eingesetzt werden, eine hohe Produktivitätssteigerung. Durch die Mikroelektronik-Technologie wird die Produktivitätssteigerung in der Industrie weiter zunehmen, gleichzeitig stellt die Mikroelektronik aber auch ein bedeutendes Potential für Arbeitseinsparung in Verwaltung, Handel und Bankwesen dar. Die Beschränkung auf betriebs- und brancheninterne Kündigungsabkommen bringt eine Tendenz mit sich, gegenwärtig Beschäftigte zuungunsten Jugendlicher, die erst in den Arbeitsmarkt eintreten, zu schützen (Jugendarbeitslosigkeit). Um Arbeitslosigkeit zu verhindern sollten zwei Wege in Betracht gezogen werden: eine Reduzierung der Lebens-, Jahres- oder Wochenarbeitszeit und ein Ausbau öffentlicher Dienstleistungen wie Gesundheitswesen, Bildungswesen und sonstiger sozialer Dienste.

6.3.2 Die Produktivitätssteigerungen bewirken bei einer Vielzahl traditioneller Berufe einen quantitativen Bedarfsrückgang und eine Veränderung der inhaltlichen Qualifikationsanforderungen. Nach Schätzungen einiger Untersuchungen arbeiten in den Berufen, in deren Arbeitsbereichen Mikroelektronik und Automation mittel- und langfristig eingesetzt werden wird, rund 50% der insgesamt Beschäftigten. Besonders betroffen sind: Drucker und Setzer, Schweißer, Löter, Nieter, Elektro- und andere Monteure, alle metallverformenden und -verarbeitenden Berufe, Werkzeugmacher, Elektromechaniker, Textilberufe, Chemie-, Gummi- und Kunststoffarbeiter, Lager- und Transportberufe, Maschinenwärter, Verpackungsarbeiter, Zellstoff- und Papierhersteller und -verarbeiter, Beschäftigte in Instandhaltung und Reparatur, alle mit Schreibarbeiten Beschäftigten, Handels- und Bankangestellte. Frauen sind wegen ihres hohen Anteils in Büroberufen und im Montagebereich besonders stark betroffen. Der Bedarf an un- und niederqualifizierten Arbeitskräften, die Hilfsarbeiten in Produktion und Büros verrichten, geht zurück. Diese Beschäftigten sind auf Grund ihrer Qualifikationsvoraussetzungen eine bei Umschulungsmaßnahmen benachteiligte Gruppe. Sie sind gezwungen, Resttätigkeiten zu übernehmen, deren Ausführung nicht nur unbefriedigend ist, sondern die auch mit großer Unsicherheit verbunden sind, da sie in einem nächsten Automatisierungsschritt bereits wieder verschwinden können. Ferner finden aus Kostengründen strenge Auswahlverfahren und möglichst frühzeitige Selektionen während des Ausbildungsgangs statt. Diese Maßnahmen stellen auch für ältere Beschäftigte erschwerende Bedingungen dar, wobei noch hinzukommt, daß eine „Umschulungsinvestition" in sie oft nicht als rentabel angesehen wird, da sie ohnehin bald aus dem Arbeitsprozeß ausscheiden.

6.3.3 Was die inhaltlichen Qualifikationsveränderungen in den traditionellen Berufen betrifft, sind generell folgende Tendenzen zu beobachten:
— Die auf *Handgeschicklichkeiten* beruhenden, durch jahrelanges Training erworbenen Fertigkeiten nehmen ab.
— Das *berufsspezifische theoretische Wissen* (über Materialeigenschaften, Verarbeitungsvorgänge, zu berücksichtigende Bedingungen) bleibt erhalten und tritt für die inhaltliche Konzeption der Arbeitsvorgänge in den Vordergrund.
— Für den technisch und ökonomisch optimalen Einsatz der automatischen Anlagen kommen Elemente der in Punkt 6.2.4 dargestellten *automationsspezifischen Qualifikationsanforderungen* hinzu.

Diese Qualifikationsveränderungen drücken sich in den verschiedenen Arbeitsbereichen unterschiedlich aus. Allgemein ist eine *Zunahme von HTL-Technikern* in der Produktion sowie den vor- und nachgelagerten Bereichen festzustellen. Andererseits erhalten *Facharbeiter* oft eine gründliche Umschulung (in der Dauer bis zu einem Jahr) und arbeiten dann gemeinsam mit HTL-Technikern an gleichartigen Arbeitsplätzen, z. B. bei der Prüfung von Leiterplatten und Telefonanlagen, beim Einrichten, Instandhalten und Reparieren automatischer Anlagen. Bei den *„Werkzeugmaschinenberufen"* ist eine Tendenz zur *„Verschmelzung"* der verschiedenen Berufszweige (Elektromechaniker, Dreher, Fräser, Bohrer usw.) zu beobachten. Im *Druckereibereich* werden Setzer zur Produktionsplanung, Programmierung und Optimierung der Fotosetzanlagen eingesetzt. Im *Konstruktionsbereich* tritt das Entwerfen und Prüfen, das Entwickeln von Programmbausteinen und deren optimale Nutzung in den Vordergrund, da das Zeichnen selbst automatisiert ist. In *Verwaltung, Handel und Bankwesen* nimmt der Bedarf an Handelakademieabsolventen zu. *Sachbearbeiter* können mit Hilfe von Bildschirmterminals mit dem zentralen Datenspeicher zur Auftragsbearbeitung in Dialog treten, und bei den am weitesten entwickelten Textautomaten können sie selbst mit Hilfe von Textbausteinen Briefe erstellen.

Die hier skizzierten Veränderungen vieler Arbeitstätigkeiten führen auch zu neuen Anforderungen an die allgemeinen und berufsorientierten Schulen und Ausbildungsstätten.

## 6.4 Veränderte Anforderungen an das Schul- und Ausbildungssystem

### 6.4.1 EINIGE GRUNDFRAGEN DER LEHRPLANENTWICKLUNG[2])

Die gesellschaftliche Anforderung an das Bildungswesen, neue Lehrinhalte zu integrieren, wirft die Frage auf, ob diese Inhalte als eigenes Fach einfach an die bestehenden Bildungsangebote angehängt oder als Unterrichtsprinzip in diese integriert werden können.

Dabei ist das Verhältnis der neuen Inhalte zu den bestehenden Fächern und ihre Bedeutung für Berufsorientierung und Allgemeinbildung zu überdenken.

Geht man davon aus, daß das allgemeinbildende Schulwesen gewisse allgemeine Grundvoraussetzungen zur Bewältigung der durch die Mikroelektronik entstandenen Ausbildungsanforderungen zu schaffen hat und die berufliche Bildung auf die konkrete Berufsqualifikation orientiert, ergeben sich folgende Tendenzen:
— Langfristig ist mit der *Notwendigkeit einer allgemeinen Höherqualifikation* auch durch das Schulwesen zu rechnen.
— *Berufsübergreifende Qualifikationen* (EDV-Kenntnisse, Sprachkenntnisse, Kreativität und Kommunikationsbereitschaft, Abstraktionsfähigkeit usw.) nehmen zu.
— *Kombinierte Berufsbilder* (z. B. Programmierer-Dreher) gewinnen an Bedeutung, wodurch die Grenzen zwischen den einzelnen Berufen unscharf werden.
— Die *Verbindung einzelner Lehrberufe zu Grundberufen* ist im Gange.
— Der verstärkte Einsatz von EDV-Systemen in der Arbeit und Freizeit, im öffentlichen Leben und der Politik erfordert von einem mündigen Staatsbürger, der zur qualifizierten Mitsprache und Mitentscheidung befähigt sein soll, entsprechende Grundkenntnisse.

Unter anderem hat die Notwendigkeit zur Anhebung der allgemeinen

Grundqualifikation breiter Bevölkerungsgruppen in anderen Industriestaaten (USA, Schweden, UdSSR, DDR) zur Einführung von Gesamtschulen geführt, in denen alle Kinder bis zum 15., 16. oder gar 18. Lebensjahr in einem Schultyp unterrichtet werden. Die duale Berufsausbildung mit der Trennung von Betriebslehre und Berufsschule ist aufgehoben und die Berufsausbildung in das staatliche Schulwesen integriert. Bereits im Pflichtschulalter werden im Technikunterricht (BRD, Schweden), Polytechnikunterrricht (UdSSR, DDR) oder der Arbeitslehre (West-Berlin) Elemente der späteren Arbeitswirklichkeit einbezogen.

In der Diskussion um die Einführung des EDV-Unterrichts und die Aufnahme von Inhalten der Elektronik z. B. in den Werkunterricht der Höheren Schulen Österreichs zeigt sich das Problem des fächerteiligen Unterrichts: inhaltlich zusammenhängende Probleme und Kenntnisse werden getrennt. EDV-Unterricht z. B. erfordert immer auch ein konkretes Anwendungsgebiet, die Fächertrennung erschwert jedoch die notwendige Zusammenarbeit.

In allen Fächern gibt es Elemente, die auch Veränderungen im modernen Produktionsprozeß und der Verwaltung durch die Mikroelektronik thematisieren sollten. Diese Aufteilung der für die spätere Berufstätigkeit äußerst wichtigen Lehrinhalte führt zu einer generellen Vernachlässigung von Problemen der Arbeitswelt im Unterricht der *allgemeinbildenden Schulen.*

Bei den *berufsbildenden Schulen* und *Berufsschulen* besteht wegen der starken Orientierung an den Fachinhalten der späteren Berufstätigkeit die Gefahr, daß allgemeinbildende Inhalte, wie etwa die sozialen und politischen Auswirkungen der *Informationstechnologie,* zu wenig Beachtung finden.

Form und Inhalt einer neuen Verbindung von Schule und Arbeitswelt sind in hohem Maße durch gesellschaftliche Wertvorstellungen geprägt. Die Form der Einbeziehung der Mikroelektronik und ihrer gesellschaftlichen Auswirkungen in den Unterricht ist daher an die politische Bewertung der Technologieentwicklung gebunden. Am Beispiel der Kernkraftdiskussion und der Verharmlosung bzw. Dramatisierung der Auswirkungen der Mikroelektronik zeigt sich, wie konfliktträchtig die Einbeziehung dieser Inhalte in den Unterricht sein kann.

Wenn die Arbeitsverrichtungen in Produktion und Verwaltung durch den Einsatz der Mikroelektronik immer komplexer, abstrakter, daher undurchschaubarer werden, wie können Jugendliche in der Schule motiviert werden, sich diese neuen Inhalte anzueignen? Gemeinsam mit der wissensmäßigen Anhebung des Bildungsniveaus wird immer auch die Forderung nach Kreativität, Disponibilität und Kooperationsbereitschaft, die durch die neuen Formen der Arbeitsteilung und Kooperation verschiedener Disziplinen notwendig werden, erhoben. Eine vermehrte Anhäufung von Wissensstoffen kann solchen Ansprüchen nicht gerecht werden. Vertreter eines Unterrichtsfachs Informatik für die allgemeinbildende Schule warnen davor, daß sich dieses Fach in die Reihe der langweiligen Schulfächer eingliedern könnte. Statt einer bloßen Aneinanderreihung von Fächern fordern sie deren Integration, wozu es im EDV- und Informatikunterricht, wie auch im Technikunterricht bzw. der Arbeitslehre, gute Ansatzmöglichkeiten gibt. Die Selbständigkeit der Schüler in der Aneignung neuer Inhalte und in der Anwendung neuer Verfahrensstrategien (Systemanalyse, Teamarbeit usw.) wird als Lehrziel betont.


## 6.4.2 KONKRETE AUSWIRKUNGEN DER MIKROELEKTRONIK AUF EINZELNE SCHULTYPEN, AUS- UND WEITERBILDUNGSEINRICHTUNGEN

### 6.4.2.1 *Volksschule*

Von der Computerindustrie wurden bereits für die Volksschule Unterrichtseinheiten über Funktion und Bedeutung des Computers entwickelt, die mit Genehmigung des Unterrichtsministeriums eingesetzt werden können. Von seiten der Wirtschaft wird die frühzeitige Konfrontation der Kinder mit dem Computer, mit Computerspielen, elektronischen Baukasten und Spielwaren gefördert, einerseits aus Gründen neuer Absatzmöglichkeiten, andererseits um technikskeptische Haltungen zu verhindern und über die Faszination des technischen Spielzeugs ein frühzeitiges Interesse an der neuen Technologie zu wecken. Während die Volksschule eine „Einheitsschule" ist, werden nach Abschluß der Volksschule die Zehnjährigen in mehrere Kategorien unterteilt, in AHS-Schüler und Hauptschüler des ersten und zweiten Zuges. Auf die Mikroelektronik bezogenes Wissen und EDV-Grundwissen werden, auf einem den Schultypen entsprechenden Niveau, gar nicht vermittelt. Um die unterschiedliche Bedeutung der Mikroelektronik in den einzelnen Schulformen zu zeigen, beschreiben wir zunächst den Weg zu Reifeprüfung und Hochschule und anschließend die Schullaufbahn der breiten Mehrheit (ca. 80%) der Jugendlichen über die Hauptschule zur Berufslehre.


### 6.4.2.2 *Allgemeinbildende Höhere Schulen (AHS)*

Wegen der zunehmenden Bedeutung der Mikroelektronik und der Datenverarbeitung in zahlreichen Studienrichtungen stellt sich die Frage nach der Vorbereitung der Schüler auf die veränderten Hochschullehrinhalte bereits in der AHS. Dies zeigt sich deutlich in der Diskussion um die verpflichtende Einführung von EDV-Lehrangeboten in der Oberstufe (vgl. *Dörfler*, 1980). Derzeit existieren an einigen AHS, die über entsprechende Anlagen und Lehrkräfte verfügen, nur Freifachangebote in EDV. Im Schuljahr 1977/78 wurde dieses Fach lediglich von 3% der AHS-Schüler gewählt (vgl. *Dörfler*, 1980).

Die zunehmende Bedeutung von EDV-Systemen und die Verbilligung der Geräte lassen eine Ausweitung des EDV-Angebotes an AHS erwarten. Einige Experten halten daher eine Integration in andere Unterrichtsfächer als „Unterrichtsprinzip" für sinnvoll (vgl. *Schauer — Tauber*, 1980), während andere befürchten, daß dadurch EDV für die Schule praktisch verloren wäre und eine entsprechende Absicherung nur durch ein Pflichtfach erfolgen könnte.

In der internationalen Diskussion wird im *Projektunterricht* (Zusammenarbeit mehrerer Fächer) die dem EDV-Einsatz entsprechende Unterrichtsform gesehen. Ausgehend von einem Fach *Informatik* sollten andere Fächer zur Mitarbeit eingeladen werden. Statt einer bloßen Faktenanhäufung über Computertechnik und einigen Programmierkenntnissen, ist der problemorientierte Einsatz der modernen Rechentechnik zu vermitteln. Neben der problemorientierten Einführung in die EDV werden auch Lehrziele wie Kooperationsbereitschaft, Teamarbeit, verantwortliches Verhalten und kreative Problemlösung angegeben. Die Mikroelektronik hat auch den Lehrstoff über die Halbleitertechnik im Physikunterricht erweitert. Am Beispiel eines Oberstufen-Physiklehrbuches (vgl. *Sexl — Raab — Streeruwitz*, 1978) läßt sich zeigen, daß zwar relativ rasch auf die Veränderungen der Halbleitertechnik durch die Mikroelektronik reagiert wurde, aber lediglich in Form der Ergänzung des bestehenden Lehrstoffes. Physikalische Sachverhalte werden ausführlich und auf wissenschaftlichem Niveau dargestellt, ähnlich wie bei Mikroelektronikschulungen in Betrieben oder an der Hochschule. Als Anwendungsbeispiele werden aber lediglich der Taschenrechner, Großrechenanlagen und Werkzeugmaschinen genannt, Beispiele aus dem Erfahrungsbereich der Schüler (z. B. Konsumelektronik) fehlen. Die Bedeutung der Automation, Grundprinzipien der Regel- und Steuertechnik sowie gesellschaftlicher Grundfragen der Technikentwicklung bleiben aus dem Lehrbuchabschnitt ausgespart.

Auch im *Werkunterricht* gewinnt die Mikroelektronik im Zusammenhang mit der Elektrotechnik/Elektronik an Bedeutung. Hier sind die Lehrpläne der Unterstufe mit der Hauptschule identisch.

Nicht unbedeutend sind die Folgen der *Mikroelektronik für die technische Ausstattung* der Schulen: Zu diesem Problemkreis wurde im Rahmen dieses Projektes ein eigener Auftrag vergeben (vgl. *Melezinek u. a.*, 1981). *Physikalische*

*Geräte, Audiovisuelle Medien und programmierte Lernsysteme, EDV-gesteuerte Stundenplanerstellung, Schulbibliothek usw.* erhalten durch die Mikroelektronik neue Dimensionen. Hier ist das Interesse der Lehrmittelindustrie auch an der Entwicklung entsprechender Software groß. Problematisch ist die dadurch gegebene inhaltliche Abhängigkeit von den Geräteherstellern, deren pädagogische Entwicklungsteams nicht notwendig an den Zielstellungen der Schule orientiert sind.

### 6.4.2.3   *Höhere Technische Lehranstalten (HTL)*

Der zunehmende Bedarf an Fachkräften mit EDV- und Elektronikkenntnissen (vgl. *Dörfler*, 1980) hat im Bereich der Höheren Technischen Lehranstalten zu den deutlichsten Konsequenzen geführt. Die Studentenzahlen sind in den betroffenen Zweigen steigend. Beinahe alle Studienzweige sind von der Entwicklung der Mikroelektronik betroffen, am stärksten selbstverständlich die Abteilung Elektronik-Nachrichtentechnik und Elektrotechnik sowie der EDV-Unterricht, der für alle Abteilungen verpflichtend ist.

Da die österreichischen Lehrpläne aller Schulen Rahmenlehrpläne sind, geben die geltenden Lehrpläne für die HTL den Lehrenden genügend Raum, die neuen Inhalte der Mikroelektronik in den Unterricht einzubauen. Nach einer Absolventenbefragung von *Dörfler* wird die *EDV-Ausbildung an der HTL* mit 2 Stunden für ein Pflichtfach als unzureichend empfunden. Ein verstärktes Stundenangebot und die Integration in die Fachangebote der einzelnen Abteilungen wird empfohlen. Die Anwendung von EDV-Verfahren im Fachzusammenhang scheint von besonderer Bedeutung zu sein, würde aber ähnlich wie in der AHS die verstärkte Kooperation der Fächer und projektorientiertes Lernen erfordern. Diese Feststellung gilt in gleichem Maße für das Unterrichtsfach *EDV an Handelsakademien.*

Eine eigene Abteilung für Informatik/Elektrotechnik zu schaffen, wie dies von *Weissenböck* (1980) gefordert wurde, wird im Bundesministerium für Unterricht und Kunst nicht als sinnvoll erachtet, da dadurch der Anwendungsbezug in den einzelnen Fachdisziplinen nicht gesichert werden könnte. Die Integration in das bestehende Lehrangebot durch EDV-Kurse, *Mikroelektronikkurse* bzw. *Weiterbildungslehrgänge* wird demgegenüber bevorzugt.

Die Neuerungen in der *Abteilung Elektronik-Nachrichtentechnik* tragen der Mikroelektronik deutlich Rechnung. Am TGM-Wien (HTL) wurde z. B. ein Schulversuch „Studienlehrgang für Mikroelektronik" eingeführt, der von Absolventen des vierten Studienjahres der Abteilung Elektronik-Nachrichtentechnik besucht werden kann. Weiters ist ein Lehrgang „EDV — angewandte Mikroelektronik" für HTL-Absolventen vorgesehen. Im Bundesministerium für Unterricht und Kunst haben Mikroelektronikseminare stattgefunden, wo Vertreter des Ministeriums, der HTL und der Industrie entsprechende Konzepte entwickelten, um im Bereich der HTL der Mikroelektronik Rechnung zu tragen. Als Hauptprobleme gelten die Lehrerbildung und -weiterbildung, sowie die Geräteausstattung. Hinweise auf die Einbeziehung sozialer, ökonomischer und politischer Probleme finden sich in den entsprechenden Unterlagen kaum.

Für die spätere Berufstätigkeit der HTL-Absolventen ist aber die Frage ihrer gewerkschaftlichen Interessenvertretung bezüglich Auswirkungen der neuen Technologie von großer Bedeutung. Humane Technologieentwicklung und -anwendung erfordern gerade bei den damit befaßten technischen Fachkräften ein entsprechendes gesellschaftliches Bewußtsein. Im Unterricht der HTL ist daher die stärkere Berücksichtigung der sozialen, politischen und ökonomischen Fragen des Mikrocomputereinsatzes notwendig.

An den HTL sind neben der Abteilung „Elektronik-Nachrichtentechnik" auch andere Abteilungen (Maschinenbau) vom verstärkten Einsatz der Mikroelektronik (z. B. in Werkzeugmaschinen) betroffen. Perspektivisch dürften für alle Absolventen entsprechende Mikroelektroniklehrgänge sinnvoll sein.


*6.4.2.4   Technische Universitäten*

Mit dem verstärkten Rechnereinsatz in beinahe allen Wissenschaftsdisziplinen kam es an Universitäten und Hochschulen zur Einrichtung von EDV-Anlagen und entsprechenden Kursangeboten. Die Auswirkungen der Mikroelektronik auf die Hochschulen sind naturgemäß am deutlichsten an den *Technischen Universitäten (TU)* festzustellen, insbesondere im Bereich „Elektrotechnik" sowie „Informatik und Datentechnik". Das Studium für Informatik wird in zwei Formen angeboten, als Kurzstudium von 5 Semestern und als Diplomstudium von mindestens 10 Semestern. Die Hörerzahlen sind in beiden Formen in den vergangenen Jahren stark angestiegen. Auch im Bereich *Elektrotechnik* sind die Studentenzahlen stark gestiegen, sie haben sich seit 1960 verdoppelt (von ca. 1.000 auf 2.100).

Betriebs- und Wirtschaftsinformatik wird auch an den wirtschaftswissenschaftlichen Universitäten angeboten.

Bezüglich der Informatikausbildung wurde von Vertretern der Industrie der *unzureichende Praxisbezug* der Ausbildung bemängelt. In den Firmen sind meist kombinierte Qualifikationen — z. B. Techniker und Informatiker, Industriekaufmann und Informatiker — notwendig.

Betriebswirtschaftliche Kenntnisse seien auf jeden Fall erforderlich. Die geforderte Heranziehung von Fachleuten aus der Industrie zu Lehraufträgen ist (wie auch auf HTL-Niveau) wegen der engen Bindung an Wirtschaftsinteressen nicht unproblematisch.


### 6.4.2.5  *Hauptschule und Polytechnischer Lehrgang*

In den thematisch von den Auswirkungen der Mikroelektronik betroffenen Fächern gilt in der Hauptschule der gleiche Lehrplan wie in der AHS-Unterstufe, lediglich das Stundenausmaß differiert (z. B. im Werkunterricht, Physik). EDV-Angebote gibt es in dieser Altersstufe auch in anderen Industriestaaten nicht, allerdings reicht dort die Schulpflicht vielfach bis zum 16. bzw. 18. Lebensjahr (Schweden, USA, DDR). Diese Altersgruppe wird in diesen Ländern sowohl mit EDV- als auch Elektronik-Inhalten im technischen Unterricht konfrontiert. Am deutlichsten ist die Tendenz des Werkunterrichts in Richtung einer technischen Grundbildung (Arbeitslose). Grundkenntnisse der Computertechnologie haben in den neuen Lehrplan Aufnahme gefunden. Losgelöst von Anwendungsproblemen und ohne Integration in andere Fächer dürften solche Detailkenntnisse relativ bedeutungslos sein. In anderen Staaten löst man diese Probleme durch polytechnischen Unterricht oder Formen der sogenannten Arbeitslehre, in die vormals getrennte Fächer wie Hauswirtschaft, Werken, Wirtschaftskunde eingehen.


### 6.4.2.6  *Lehrlingsausbildung*

Facharbeiter mit EDV-Kenntnissen und mit entsprechenden Kanntnissen der Mikroelektroniktechnologie werden, speziell in der Elektronikindustrie, vermehrt gebraucht. EDV- und Programmierkenntnisse werden sowohl mit der zunehmenden Verwendung von CNC-Werkzeugmaschinen als auch von Rechnern und Kleinrechnern in den meisten Lehrberufen perspektivisch notwendig. Damit verbunden ist die Erweiterung von Rechen- und Sprachkenntnissen, abstraktes und analytisches Denken, Bereitschaft zur Kooperation und Übernahme von Verantwortung.

Die Notwendigkeit zur Anhebung der Qualifikationen läßt die Problematik der Lehrlingsausbildung in Kleinbetrieben erkennen. Die zunehmende Angleichung von Grunderfordernissen in zahlreichen Berufen oder Berufsgruppen läßt die Einführung von einigen wenigen Grundberufen sinnvoll erscheinen. In westlichen und östlichen Industriestaaten (z. B. Schweden, DDR) hat man die Berufsbildung in das öffentliche Schulwesen integriert, um langfristig ein einheitliches Ausbildungsniveau zu sichern.

Durch die Mikroelektronik sind vorwiegend Lehrlinge im Metallbereich, Elektronik- und kaufmännischen Berufen betroffen. Die Anforderungen in der Elektronikindustrie sind soweit gestiegen, daß von der Industrie ein eigener Lehrberuf „Elektroniktechniker" gefordert wird, für den Grundkenntnisse der Mikroelektroniktechnologie Hauptinhalt der Berufslehre wären. Zunehmend werden Inhalte der Mikroelektronik bzw. aus dem EDV-Softwarebereich in die allgemeinbildende Schule verlagert.

Insgesamt ist auch die Gefahr der Jugendarbeitslosigkeit im Zuge der Rationalisierung durch die Mikroelektroniktechnik nicht auszuschließen. Drop outs aus höheren Schulen könnten bei der Lehrstellenbewerbung um die Ausbildung zum „Elektronikfacharbeiter" gebenüber Hauptschulabgängern bevorzugt werden, da bereits jetzt aus einer Vielzahl von Bewerbern stark selektiert wird.


### 6.4.2.7 *Außerbetriebliche Fortbildung und Umschulung*

Die für die Betriebe erforderliche Mikroelektronikschulung findet häufig an Spezialinstituten großer Konzerne in Kooperation mit den Anwenderfirmen statt, soweit nicht betriebsinterne Schulungen ausreichen.

In den Fortbildungsangeboten der Interessenvertretungen der Arbeiterkammer (BFI) und des Wirtschaftsförderungsinstitutes (WIFI) nehmen EDV-Kurse und Elektronik- bzw. Mikroelektronikkurse zunehmenden Raum ein.

Die Teilnehmerzahl der EDV-Schule z. B. des BFI-Wien ging allerdings stark zurück, was auf die Zunahme eigener Firmenkurse und die Existenz privater und staatlicher EDV-Schulen zurückzuführen sein dürfte.

Generell werden Fortbildungsangebote von diesen Institutionen dann relevant, wenn der Bedarf an bestimmten Qualifikationen die Kapazität von betriebsinternen Schulungen übersteigt, und wenn Wissensinhalte z. B. der Mikroelektronik allgemein zugänglich werden und nicht mehr von den Firmen als betriebsspezifisches Wissen bewahrt werden. Deutlich zugenommen hat die Bedeutung von *Werkmeisterlehrgängen* in der Elektronikbranche und *Elektronikkursen* für die *Facharbeiterfortbildung*. Diese Angebote reagieren auf entsprechende Nachfrage, weshalb ein stetes Nachhinken hinter dem realen Bedarf nicht zu vermeiden ist. Eine Integration der Weiterbildung und Umschulung in das öffentliche Bildungswesen könnte hier eventuell ein planvolleres Vorgehen ermöglichen. Für die Weiterbildung und Umschulung gilt ähnliches wie für die Lehrlingsausbildung hinsichtlich der bewußten Auseinandersetzung mit der neuen Technologie und den betrieblichen Rationalisierungsmaßnahmen. Eine bewußte Interessenvertretung der Lohnabhängigen in diesen Fragen hätte eine entsprechende soziale und politische Information über die Probleme des technischen Fortschritts zur Voraussetzung. Im Interesse der Betroffenen müßte das technische Wissen mit allen Problemen der Anwendung, der Gefahr der Arbeitslosigkeit, Dequalifizierung usw. behandelt werden, um eine entsprechende Grundlage etwa für Betriebsvereinbarungen zu schaffen.

### 6.4.2.8 *Firmeninterne Umschulung und Weiterbildung*

Die von der Mikroelektronik am stärksten betroffenen Branchen — Elektronikindustrie, Metall- und chemische Industrie wie auch die Großverwaltung und Dienstleistung — müssen ihr Personal auf unterschiedlichem Niveau auf die neue Technik einschulen. In der Produktion betrifft dies einerseits Abteilungsleiter und andererseits Facharbeiter an CNC-Maschinen und Prüfautomaten, im Verwaltungsbereich das EDV-Personal bzw. im Zuge der Einführung von Bildschirmarbeitsplätzen auch Schalterdienst, Kundenbetreuung und herkömmliche Sekretariatstätigkeiten.

Mikroelektronikkurse sind im allgemeinen mit Höherqualifizierung verbundene prestigehafte Schulungsangebote. Wegen der hohen Kosten erfordern diese Schulungsmaßnahmen von den Unternehmen eine längerfristige Bildungsplanung. Allgemein besteht die Tendenz, mit Ausnahme der obersten Führungskräfte, eine Überqualifikation zu vermeiden und die Ausbildungsangebote strikt an Betriebserfordernissen zu orientieren. Vor allem ältere Beschäftigte und solche auf Hilfsarbeiter- und Anlernniveau sind von der Fortbildung weitgehend ausgeschlossen.

Abschließend sei noch festgestellt, daß all die hier angeführten Entwicklungen auch neue Anforderungen an Lehrer und Ausbildner stellen, die erst durch entsprechende Ausbildungsmaßnahmen zum Unterricht über die neue Technologie befähigt werden müssen.

### 6.5  Literaturhinweise

*Europäisches Gewerkschaftsinstitut:* Die Auswirkungen der Mikroelektronik auf die Beschäftigung in Westeuropa während der 80er Jahre, Brüssel 1979.

*H. Kern — M. Schuhmann:* Industriearbeit und Arbeiterbewußtsein — Eine empirische Untersuchung über den Einfluß der aktuellen technischen Entwicklung auf die industrielle Arbeit und das Arbeiterbewußtsein, 2 Bände, Frankfurt/Main 1970.

*Kommission der Europäischen Gemeinschaften:* Die Beschäftigung und die neue Mikroelektroniktechnologie, Brüssel 1980.

*O. Mickler — E. Dittrich — U. Neumann:* Technik, Arbeitsorganisation und Arbeit — Eine empirische Untersuchung in der automatisierten Produktion, Frankfurt/Main 1976.

*O. Mickler — W. Mohr — U. Kadritzke:* Produktion und Qualifikation, 2 Bände, Göttingen 1977.

*Projektgruppe Automation und Qualifikation:* Automation in der BRD, Berlin 1975; Entwicklung der Arbeitstätigkeiten und die Methode ihrer Erfassung, Berlin 1978; Theorien über Automationsarbeit, Berlin 1978.

*U. Bosler u. a.:* Mikroelektronik, Sozialer Wandel und Bildung, Weinheim-Basel 1981.

*H. Blankertz:* Theorien und Modelle der Didaktik, München 1969.

*A. Melezinek u. a.:* Mikroelektronik im Bildungswesen, Klagenfurt 1981.

*W. Dörfler u. a.:* Die Bedeutung der EDV-Ausbildung an den Höheren Schulen Östereichs, Institutsbericht 12 des Instituts für Informationssysteme der TU-Wien, Wien 1980.

*R. Gizycki u. a.:* Mikroprozessoren und Bildungswesen, München-Wien 1980.

*J. Mende — E. Tomschitz:* Schule und Gesellschaft, Wien 1980.

*H. Schauer — M. Tauber:* Informatik in der Schule, Wien-München 1980.

*Sexl — Raab — Streeruwitz:* Physik, Wien 1978.

*M. Weißenböck:* Informatikunterricht, Wissenschaft aktuell, 1/1980.

## Anmerkungen

[1] Der vorliegende Aufsatz stellt eine Kurzfassung einer ausführlichen Untersuchung dar; vgl. *J. Mende — F. Ofner:* Automation und Ausbildung, Wien 1981.

[2] Vgl. dazu *J. Mende — E. Staritz — I. Tomschitz:* Schule und Gesellschaft, Wien 1980, S. 53ff, und *J. Mende — F. Ofner:* Automation und Ausbildung, Wien 1981, S. 152ff.

# 7. Folgen der Mikroelektronik für Arbeitsorganisation und Arbeitsbelastung

## 7.1  Methodik und Durchführung

Nach Aufarbeitung relevanter arbeits- und sozialwissenschaftlicher Literatur zu Problemen der Arbeitsbelastung und der Arbeitsbeanspruchung wurde die Durchführung einer empirischen Untersuchung beschlossen, um die Realität der österreichischen Verhältnisse in diesem Bereich zugrundezulegen.

Zur Erfassung nicht nur der konkreten Arbeitsbedingungen, sondern auch der sie mitbestimmenden Rahmenbedingungen wurden Erhebungen auf drei Ebenen geplant bzw. durchgeführt:

— Befragung von Management und Arbeitnehmervertretung auf der Ebene der Unternehmensleitung anhand eines strukturierten Fragebogens.
Dieser Fragebogen geht neben den Bereichen der Arbeitsorganisation und Belastung vor allem auf Motive bei der Einführung von Mikroelektronik, den ökonomischen Rahmen sowie die Organisation der Entscheidungsstrukturen ein.

— Befragung von Management und Arbeitnehmervertretungen auf der Ebene einer von Mikroelektronik betroffenen Abteilung bzw. eines Bereichs anhand eines strukturierten Fragebogens.
Auf dieser Ebene werden konkrete strukturelle Veränderungen der Organisation erfragt. (Dies schließt natürlich nicht Änderungen ein, die auf andere Einflüsse bzw. auf den Einsatz von Mikroelektronik in anderen — hier nicht untersuchten — Bereichen zurückzuführen sind bzw. sein könnten.)

— Auf der Ebene der betroffenen Arbeitnehmer:
  — Befragung eines oder mehrerer Arbeitnehmer anhand eines strukturierten Fragebogens, der sich an den unten angeführten Kategorien orientiert.
  — Beobachtung der Tätigkeit dieses bzw. dieser Arbeitnehmer, womöglich einer organisatorisch zusammenhängenden Gruppe, zur Ergänzung der Befragung.
Auf dieser letzten Ebene wurden die angeführten Kategorien am differenziertesten eingesetzt. Auch hier wurden allerdings zusätzlich Fragen nach den Entscheidungsprozessen bei Innovationen bzw. der gegenständlichen Innovation gestellt.

Alle drei Typen von Befragungen bzw. die Beobachtungen wurden gemeinsam mit der Untersuchungsgruppe „Qualifikation" entworfen, weshalb die Fragebogen entsprechende über den Untersuchungsbereich „Arbeitsorganisation und Belastung" hinausgehende Kategorien enthalten, die weiter unten angeführt werden.

Die Anlage der Untersuchung ergab sich aus dem Ziel, die Handlungsstruktur der Arbeitenden zu erfassen, wie sie durch den Entwicklungsstand der Arbeit (technisch-organisatorisch und individuell durch die Arbeitenden selbst, betrieblich/gesellschaftlich), also durch die konkrete Tätigkeit bestimmt ist. Weiters sollten die Handlungsziele ermittelt werden, soweit sie individuell erfaßt werden können, sowie die Diskrepanz, in der sie sich zu betrieblichen Zielen oder zu eigenen Erwartungen befinden. Zusätzlich sollte die Motivation untersucht werden, die sich aus den Zielen der Tätigkeit, aus ihren Rahmenbedingungen sowie aus der Tätigkeit selbst ergeben kann.

Bei der Untersuchung der konkreten Tätigkeiten sollte differenziert werden:
— was ist technologisch zwingend vorgegeben, also bereits durch die Entwicklung bzw. Auswahl einer bestimmten Technologie bestimmt;
— wo eröffnet die Technologie Gestaltungsmöglichkeiten für die Arbeitsorganisation;
— durch wen wird die vorgefundene Technologie bzw. deren Auswahl bestimmt,
— durch wen die vorgefundene Organisation;
— in welcher Beziehung stehen konkrete Kompetenzen in der derzeitigen Tätigkeit, „mitgebrachte" Kompetenz auf Grund formaler Ausbildung und auf Grund bisheriger Tätigkeit erlangte Kompetenz.

Mittels der hier kurz skizzierten Konzepte (Berücksichtigung der materielltechnischen sowie der „sozialen", kooperativ-kommunikativen Aspekte) sollten sich aus den Experteninterviews, also der Leitungs- und Abteilungsebene, Angaben über den objektiven Stand ergeben (natürlich müssen auch hier subjektive Verzerrungen mitberücksichtigt werden; dies betrifft aber vermutlich weniger Aussagen über die Auswahl bestimmter Techniken). Auf diesem Stand sind nur grobe Rückschlüsse auf subjektive Tätigkeits-/Belastungsveränderungen möglich, weshalb Arbeitnehmerinterviews sowie Arbeitsplatzbeobachtungen zusätzlich eingeplant wurden.

Es wurden zehn Unternehmen ausgewählt, bei denen Mikroelektronik im Produkt und/oder in der Produktion und/oder im Büro bzw. in der Verwaltung angewandt wurde. In jedem dieser Unternehmen wurde ein Netz von Arbeitsplätzen im Rahmen der Befragung auf Leitungsebene ausgewählt, das bei Befragung von Management und Arbeitnehmervertretung der ausgewählten Abteilung/des Bereichs noch weiter eingeschränkt wurde.

Die Befragungen und Beobachtungen wurden 1980 durchgeführt. Jedes Interview wurde von zwei Mitgliedern der Gruppe „Arbeitsorganisation und Belastung" bzw. der Gruppe „Qualifikation" protokolliert, die beiden Protokolle wurden später auf Unstimmigkeiten überprüft und nach eventuellen Rückfragen in eine gemeinsame Fassung übertragen.

Die empirische Untersuchung kann natürlich keine Einschätzung absoluter Belastung, sondern nur Entwicklungstendenzen — quantitative und qualitative Veränderungen — liefern. Wichtig scheint dabei die Berücksichtigung auch der weiteren Entwicklungsperspektive der untersuchten Tätigkeit zu sein, um vorübergehende „Lückenbüßer" als solche zu erkennen. Darüber hinaus sollten Aussagen möglich sein, wieweit bzw. unter welchen Voraussetzungen eine Tätigkeit den Arbeitenden Entwicklungsperspektiven bietet, oder ob eine „Humanisierung" nur in ihrer Beseitigung liegen kann. Generell geht es darum, festzustellen, welche Möglichkeiten der jeweilige Stand der Technologie gibt, welche subjektiven Voraussetzungen vorhanden sind, welche Tätigkeit realisiert wurde, welche die bedingenden Kräfte sind und damit auch, worin eventuelle Hemmnisse einer Entwicklung liegen.

Die im folgenden angegebenen Kategorien orientieren sich nicht nur an den Konzepten der aufgearbeiteten arbeits- und sozialwissenschaftlichen Literatur, sondern beziehen auch typische, in der Diskussion um Arbeitsbedingungen häufig gebrauchte Begriffe ein, um an vorhandenes Bewußtsein anknüpfen zu können. (Dabei ergibt sich natürlich die Gefahr, statt persönlicher Erfahrungen gängige Vorurteile präsentiert zu erhalten. Angestrebt werden sollte daher auch, nicht bewußtseinspflichtige Elemente der Arbeit durch Rekonstruktion der Tätigkeit zu eruieren und unter Umständen mit den Äußerungen der Betroffenen zu konfrontieren.)

Die zentralen Kategorien der Untersuchung lassen sich folgendermaßen beschreiben:
— Arbeitsteilung (horizontale, vertikale, Arbeitsplanung, -vorbereitung),
— Tätigkeit hinsichtlich sensumotorischer/perzeptiver/intellektueller Anforderungen,
— Kooperation und Kommunikation (über Maschine/formalisiert/mündlich/auch nicht arbeitsnotwendig),
— Verantwortung (Zuständigkeit für Personen/Sachen, Konsequenzen),
— Motivation (Höhe, Ursache, Hemmnisse),
— Arbeitsteilung Mensch/Maschine (Übernahme durch Maschine),
— Kontrollverfahren ((in)formell, technische Koppelung mit Vorgaben, mit Einkommen),
— Leistungs- und Ablaufnormen,
— Repetitivität,

— Arbeitspausen,
— physische Belastungen (Schwere, Einseitigkeit, Körperhaltung),
— Umweltbelastungen (Lärm, Hitze, Kälte, Staub, Zugluft, Beleuchtung,
  Chemie).

Anhand dieser Kategorien wurde angestrebt, einen Vergleich der Situation
vor und nach Einführung der Mikroelektronik durchzuführen. Dies war natürlich nicht unbedingt je Arbeitsplatz, wohl aber für ganze Gruppen möglich: etwa, wenn einzelne Arbeiten gänzlich verschwinden, andere neu entstehen.


## 7.2  Ergebnisse

Eine differenzierte Betrachtung zeigt widersprüchliche Entwicklungen sowohl bei der Entwicklung der informationsverarbeitenden Technologie als
auch bei ihrem Einsatz als Arbeitsmittel (auf den sich wegen seiner quantitativen Bedeutung die folgenden Zeilen vor allem beziehen).

In technischer Hinsicht werden durch mikroelektronisch gesteuerte Maschinen nicht nur Teile von Arbeiten übernommen, die bisher besondere physische Anforderungen stellten (Industrieroboter), oder Arbeiten durch völlig
neue Vorgänge ersetzt (Verlagerung des Materialflusses auf den Informationsfluß: Lichtsatz). Die Besonderheit der informationsverarbeitenden Technologie besteht eben auch in der Durchführung von Informationsverarbeitung, die bisher ein Teil der menschlichen Arbeit war, also in der Übernahme
geistiger Tätigkeitsanteile wie etwa Messen, Steuern und Regeln.

Unmittelbare Folge müßte also nicht nur eine Verringerung physischer, sondern auch psychischer Anforderungen und damit der subjektiven Beanspruchung sein. Dem widersprechen allerdings in wesentlichen Teilen unsere empirischen Ergebnisse. Tatsächlich gehen bereits die Aussagen darüber auseinander, welcher Art die Tätigkeiten sind, deren psychische Anteile von der
Maschine übernommen werden: Routine- oder kreative Tätigkeiten. Die Praxis zeigt beide Formen.

Rationalisierungen konzentrieren sich meist auf Tätigkeiten, die bereits vorher durch organisatorische Umformungen standardisiert wurden. Der dieser
Reorganisation der Arbeitstätigkeit vorausgehende analytische Prozeß ist
häufig die Voraussetzung adäquaten maschinellen Einsatzes. Da mit der auf
immer neuen Ebenen durchgeführten Arbeitsteilung — zwecks Verbesserung
der Zeitökonomie und bewußter Abspaltung der planenden von der ausführenden Tätigkeit — nach der historischen Erfahrung immenses Arbeitsleid

der Betroffenen verknüpft ist, wäre eine Übernahme derartig zerlegter, monotoner, standardisierter Tätigkeiten durch die Maschine mit gleichzeitiger Erhöhung des kreativen Anteils der menschlichen Arbeit prinzipiell begrüßenswert. Um aber eine Erklärung für die Diskrepanz zwischen dieser These und der Empirie zu finden, kann eine Betrachtung der Veränderung anhand der folgenden drei Aspekte nützlich sein:

— Arbeitstätigkeit an einer mikroelektronisch gesteuerten Maschine einschließlich der mehr oder weniger technisch determinierten, betrieblich festgesetzten oder dem Arbeitenden überlassenen Organisation dieser Tätigkeit;
— die damit über den gesamten Arbeitsprozeß verknüpften Tätigkeiten, auch wenn sie nicht unmittelbar mit der informationsverarbeitenden Maschine befaßt sind;
— die organisatorische Einbettung dieser Tätigkeiten.

Die im folgenden — ohne Gewichtung — kurz dargestellten Ergebnisse sind keine Einzelfälle, sondern typische Tendenzen.


## 7.2.1 ARBEITSTEILUNG, KOOPERATION, KOMMUNIKATION, REPETITIVITÄT, EINSEITIGKEIT

Im Produktionsbereich zeigt sich eine Tendenz zur Aufhebung bzw. Verringerung der Arbeitsteilung an automatisierten Anlagen. Durch die höhere Arbeitsproduktivität ergibt sich aber typischerweise häufig ein Anschwellen der Zahl jener vor- und nachgelagerten Arbeitsplätze, die einem niedrigeren Technisierungsgrad entsprechen (Transport, „Füttern" der Maschine).

Erst die Betrachtung einer gesamten kooperativen Struktur ermöglicht eine Abschätzung der Veränderungen auch in quantitativer Hinsicht. Durch Differenzen und Ungleichzeitigkeiten in der Form der entwickelten Technologie, in deren Einsatz und in den organisatorischen Regelungen, die durch den teils durchaus systematisch angestrebten wissenschaftlich-technischen Stand sowie durch die politisch-ökonomischen Umstände der Entwicklung und des Einsatzes bedingt sind, bleiben sogenannte Rationalisierungslücken bestehen. (An dieser Stelle sei festgehalten, daß sich die Frage, ob die Technologie an sich neutral und erst die Arbeitsorganisation bestimmend sei, hier auf eine Technologie bezieht, in die umfangreiche organisatorische Zusammenhänge eingegangen sind.) Die ihnen entsprechenden Resttätigkeiten, typischerweise das Be- und Entladen von Maschinen mit Informationen/Arbeitsgegenständen, die durch hohe Arbeitsteilung und repetitive, auch physisch einseitig beanspruchende Handlungen bestimmt sind, können in der wenngleich langfristig vorübergehenden Struktur der gesamten neuen Tätig-

116

keiten quantitativ bedeutender als die im eigentlichen Sinn neuartigen Tätigkeiten sein. Begründet sind diese Tätigkeiten allerdings oft nicht allein in
mangelnden technischen Entwicklungen oder dem Vorzug billiger Arbeitskraft vor durchaus bestehender Technologie, sondern auch immer wieder in
der nur an Produktivität orientierten organisatorischen Trennung der verschiedenen Tätigkeiten.

Diese sogenannten Resttätigkeiten, deren Aufhebung in einem nächsten Ent-
wicklungsschritt absehbar ist, werden oft hoch arbeitsteilig organisiert, die
Arbeitenden werden durch Leistungs- und Ablaufnormen unter Druck ge-
setzt.

Verstärkt zeigt sich diese Tendenz in der Verwaltung, in der die Datenerfassung häufig losgelöst von der -verarbeitung bzw. -verwendung organisiert ist.
Der Widerspruch aus dem durch diese Arbeitsteilung (Repetitivität) bewirkten geringen Interesse und der doch erforderlichen, nicht nur die Leistung,
sondern auch die Qualität betreffenden Motivation wird zum Problem, da
Fehler in der Datenerfassung schwere Folgefehler nach sich ziehen können.
Mischarbeitsplätze oder job rotation werden häufig mit dem Argument der
geringeren Leistung abgelehnt; tatsächlich wäre die insgesamt erreichte Produktivität selbst bei Verzicht auf die maximale Ausbeute der Arbeitskraft in
diesem Bereich durch die neue Technologie erhöht.

So unsinnig unter Umständen zuerst die Verwendung überqualifizierter Arbeitskräfte an solchen Restarbeitsplätzen erscheint — da die Arbeit perspek-
tivlos ist — hat sie auch Vorzüge: den Arbeitenden ist gleichzeitig oder später
die Übernahme anderer Tätigkeiten möglich, was bei reinem minimalem Anlernen nicht der Fall ist.

Die von Unternehmerseite gezeigte Bevorzugung von Frauen ist auch im geringeren Widerstand begründet, den diese späteren Kündigungen oder Versetzungen entgegensetzen. Die angebliche Beliebtheit von Leistungslöhnen
bei solchen Arbeiten läßt sich wohl auch mit dem geringen Grundlohn erklären.

Im allgemeinen zeigt sich von den Notwendigkeiten der Arbeit ein höherer
Bedarf an Kooperation, da der Arbeitsablauf weniger sinnlich wahrnehmbar
ist und die Tätigkeiten stärker vernetzt sind. Diese Kooperation wird als posi-
tiv empfunden, sofern sie nicht mit Leistungszwang verknüpft ist. Ähnliches
gilt für die Kommunikation. In einigen Fällen zeigt sich, daß durch die höhere erforderliche Konzentration sowie die arbeitsnotwendige Kooperation
kaum Zeit für nicht arbeitsnotwendige Kommunikation bleibt.

Ein Fall, in dem durch ausreichende Besetzung der Anlage ein offensichtlich geringer Leistungsdruck herrschte — vom Störfall abgesehen —, zeigte, daß durchaus Zeit für nicht arbeitsnotwendige Kommunikation bleiben könnte bzw. kann. Im übrigen wird von Arbeitenden die arbeitsnotwendige Kooperation, vor allem wo es sich um mündliche Kommunikation handelt, keineswegs geringer bewertet als die nicht arbeitsnotwendige, sofern die Arbeit interessant ist — und die Möglichkeit interessanterer Arbeit ist durch die Mikroelektronik offenbar gegeben. Starken Einfluß auf die Einschätzung dieser Situation — und damit vermutlich auch ihrer Folgen — nimmt eben der Leistungsdruck.

Mit der Arbeitsteilung (Resttätigkeit, Mischtätigkeit, job rotation, vgl. oben) verbunden ist die vorgefundene Zunahme körperlich einseitiger Belastungen (Bildschirm, Taster etc). Auch diese Belastungen, die sich allein schon auf Grund der durch erhöhte Arbeitsteilung bewirkten Einseitigkeit ergeben, werden verschärft durch Leistungs- und Ablaufnormen sowie durch Kontrollen. Negativ dabei wirkt sich die speziell niedrige Motivation monotoner Arbeit aus. Notwendig ist hier die Abschätzung, wieweit diese Arbeit nicht bereits jetzt maschinell ersetzbar wäre — aber teurer —, ansonsten kann das Problem durch Mischarbeit und geringeren Leistungsdruck entschärft werden.

Ungeklärt blieb, inwiefern die „Einsamkeit am Arbeitsplatz" durch scharfe Arbeitsteilung und Reorganisation mit räumlicher Trennung oder durch vereinzelte Bedienstände zunimmt bzw. wieweit andere als direkte mündliche Kooperations- bzw. Kommunikationsformen dem entgegenwirken.


## 7.2.2 ARBEITSINTENSIVIERUNG, ABLAUFNORMEN, ABLAUFPLANUNG, PERSONALEINSATZ

Sehr häufig wurde eine höhere Arbeitsintensität festgestellt, in einigen Fällen besonders interessanter Arbeit (und guter Entlohnung) allerdings nicht beklagt.

Soweit es sich um neuartige, qualifizierte Arbeit handelt, ist zunächst die Vorstellung der um Routineanteile gewissermaßen „erleichterten" Tätigkeit zu problematisieren. Diese Routineanteile können — sofern es sich eben nur um Anteile einer nicht insgesamt repetitiven Tätigkeit handelt — durchaus eine Verringerung der Arbeitsbelastung bewirken, was zumeist erst bei ihrer Beseitigung bewußt wird. Die neue kann derart zu einer in der Intensität verdichteten Tätigkeit werden, sofern nicht organisatorisch entgegengewirkt wird.


118

Da Innovationen mit mikroelektronisch bestückten Arbeitsmitteln häufig mit einer — unter Umständen durch die Herstellerfirma selbst propagierten und vorbereiteten — Reorganisation der Tätigkeiten auch nur indirekt mit der neuen Maschine verbundener Arbeiten verknüpft sind, kommt es anläßlich der technischen Innovation zu zusätzlichen Zerlegungen und Standardisierungen von Tätigkeiten, zur Einführung von Leistungs- und Ablaufnormen sowie von Planungssystemen (z. B. bei EDV, TVA). Damit erhöht sich der Kreis der indirekt von der technischen Innovation Betroffenen, für die sich eine Veränderung der Belastungsstruktur mittels gewissermaßen schon klassischer tayloristischer Methoden ergibt (EDV im Angestelltenbereich). Dabei werden nicht nur vorhandene „Leerzeiten" (oder was dafür gehalten wird, da sich das Bild der „Leerzeit" allein an äußerlich sichtbarer Handlung orientiert) festgestellt, sondern die Arbeit wird — in Vorbereitung eines nächsten Rationalisierungsschrittes — schärfer strukturiert.

Eines der wichtigsten Elemente der erwähnten „organisatorischen Einbettung" bei der Einführung von Mikroelektronik stellt der zunehmende Einsatz von technischen Kontrollen des „Mensch-Maschine-Systems" dar. Die von der Informationstechnologie mitgelieferte Möglichkeit umfassender Informationssammlung und -verarbeitung auch über die menschliche Tätigkeit wird häufig zu einer extensiven Kontrolle verwendet (technische Kontrolle bzw. Datenerfassung am Arbeitsplatz, Betriebsdatenerfassung, integrierte Informationssysteme mit eingebetteten Personaldaten). Die von der Technik erhöht gegebenen — aber eben keinesfalls „aufgezwungenen" — Kontroll- und Überwachungsmöglichkeiten werden zur Überprüfung der Einhaltung von Normen genutzt (die zumeist nur als Erfassung der Maschinen-Stehzeiten etc. deklarierte Betriebsdatenerfassung wird wie im Falle eines Betriebs mit CNC-Maschinen nicht immer von den Arbeitenden akzeptiert: dort wurde sie auf Grund des Widerstands der Betroffenen wieder abgeschafft). Im Rahmen der Reorganisation sowie zur genaueren Kalkulation werden schriftliche Aufzeichnungen eingeführt und Planvorhaben erstellt.

Damit dringen derartige technische Kontrollen nicht nur erstmalig in neue Bereiche — bei den Angestellten — ein, auch ihre Potenzen werden durch die Integration und massenhafte Speicherbarkeit verschiedenster Daten gegenüber herkömmlichen Systemen (Stechuhren z. B.) weit erhöht. Von der damit verbundenen Problematik ist hier vor allem die unmittelbare Auswirkung für die Betroffenen am Arbeitsplatz von Bedeutung. Selbst ohne Koppelung dieser Kontrollen mit Leistungslohnsystemen üben sie, insbesondere angesichts der Arbeitsplatzangst, einen disziplinierenden Leistungsdruck aus. Überdies kann die Betriebsdatenerfassung, analog den Erfahrungen mit bisherigen einfacheren Systemen, zu einer systematischen Beseitigung von „Leerzeiten", „Stehzeiten" oder „Personalpolstern" eingesetzt werden, also als Instrument ständiger Reorganisation.

Im allgemeinen zeigt sich die Tendenz der Abnahme von Leistungslöhnen bei
der Arbeit an Automaten (nicht bei den Resttätigkeiten). Es zeigte sich aber
das Problem, daß bei tatsächlich neuer Tätigkeit der Vergleich mit der alten
nicht möglich ist. Auf Grund der mangelnden Vergleichbarkeit der früheren
mit der neuen Tätigkeit bzw. fehlender Besetzungsregeln wird die Besetzung
ein Ergebnis der betrieblichen Auseinandersetzung. Dies drückt sich auch in
von den Arbeitenden als Unterbesetzungen empfundenen Stellen-Festlegun-
gen aus. Auch die Arbeitsbewertung dient als scheinbar reelles, jedenfalls aber
handfestes Argument: Da nach den Kategorien der Arbeitsbewertung die Belastung und die Anforderung an die (alte) Qualifikation gesunken ist, sinkt
der (Arbeitsbewertungs-)„Wert". Um eine Lohnverringerung zu vermeiden,
muß mehr geleistet werden, mit der Begründung, dies sei ja auf Grund der
leichteren Arbeit problemlos möglich. Jenseits der wesentlichsten Problematik
der Arbeitsbewertung — der scheinbar objektiven Lohn- und damit Konkur-
renz-Differenzierung — zeigt sich hier das Problem fixer, veralternder Kategorien, in die die Vorurteile über die Qualifikation (Entwertung alter Qualifikation automatisch als Dequalifikation) eingehen.

In diesem Zusammenhang muß auf die Problematik hingewiesen werden,
eine an sich begrüßenswerte Reintegration verschiedener Tätigkeiten (z. B.
Bedienung und Instandhaltung) mit einer „personellen Einsparung" und damit einer Leistungsverdichtung zu verknüpfen bzw. letzteres als eigentliches
Ziel anzustreben.


7.2.3   VERTIKALE ARBEITSTEILUNG

Im allgemeinen sinkt die Bedeutung des Vorgesetzten als fachliche Autorität,
die fachliche Kompetenz wandert zum Teil zu den „Untergebenen". Der
Vorgesetzte erfüllt damit zunehmend reine Kontrollfunktion für das Unternehmen, was zu einer stärkeren Konfrontation führen kann. (Allerdings bedient sich diese Kontrolle oft technischer Hilfsmittel — siehe oben — und
wird damit unsichtbar und „versachlicht".) Die technisch möglichen und häufig auch benutzten erhöhten technischen Kontrollen weisen allerdings ebenfalls auf die erhöhte Abhängigkeit der Arbeitsleistung und -qualität von der
„freien" Entscheidung der Arbeitenden hin: um diese Entscheidung in den
Griff des Unternehmens zu bekommen, werden nicht nur Motivationstechniken, sondern auch (z. B. Stichproben-)Kontrollen durchgeführt. Die Kontrollen werden aber mit „sachlichen" Erfordernissen wie Kalkulation, Planung
und technischer Sicherheit begründet. Andererseits gehen sie in „Mitarbeiter-
beurteilungen" ein, die unter Umständen automationsunterstützt Leistung
und Verhalten überprüfen.


120

## 7.2.4 VERANTWORTUNG FÜR TEURE MASCHINEN

Enorm wachsende Ausfallkosten führen dazu, besonders „motivierte" Arbeitende einzusetzen. Dies erfolgt zuallererst durch die Auswahl der Arbeitskräfte, dann durch Motivationstechniken („Mitbestimmung am Arbeitsplatz" in Form von Bildern, Farbgebung, Möbelumstellung etc.), Gruppen, Bildungsveranstaltungen, Prämien, am einfachsten aber durch Lob. Dabei „muß man vermeiden, allzusehr zu loben, sonst wollen die mehr Geld" (Management-Zitat). Die wesentliche Motivation durch das Interesse an der Arbeit wird häufig nicht erreicht, da Arbeitsteilung oder mangelnde Ausbildung im Weg stehen, sowie Ängste um den Arbeitsplatz (Rationalisierung). Eng damit verknüpft ist die Frage der Konsequenzen eines Fehlers: dies kann zu Abstufungen führen oder zu Versetzungen. Besonders problematisch ist dies dort, wo keine „einfacheren" Tätigkeiten mehr vorhanden sind, an die Arbeitende versetzt werden, die die geforderte Leistung nicht ausreichend fehlerfrei erbringen können. Das Problem, daß Ältere die Verantwortung „nicht mehr übernehmen wollen", dürfte mit dieser Erfahrung zusammenhängen. Notwendig wäre gegenüber der „durchschnittlichen" Situation nicht nur eine bessere Ausbildung/Umschulung ohne Druck, sondern von vornherein die Sicherung entsprechender Arbeitsplätze für jene, denen die Umstellung besonders schwer fällt.


## 7.2.5 ENTLOHNUNG

Während im allgemeinen keine Lohn- bzw. Gehaltssenkungen festgestellt werden konnten, ergeben sich Probleme durch die Koppelung an Leistungsverfahren, durch Arbeitsbewertung (vgl. oben), durch Lohndruck auf Grund von — trotz geringer Arbeitslosigkeit durchaus vorhandener — Arbeitsplatzangst. Lohnsicherungsmaßnahmen betreffen im übrigen oft nur „Auslaufende" mittels Zulagen etc., neu Eingestellte fangen niedriger an.


## 7.2.6 QUALIFIKATION, AUSBILDUNG, UMSCHULUNG

Höhere Qualifikation des Arbeitenden, als sie die Arbeit erfordert, wirkt sich wesentlich auf die Motivation und damit auf die Belastung aus. Das betrifft vor allem den Übergang von ehemalig qualifizierter Arbeit auf derzeitige Resttätigkeiten. Gelegentlich entspricht die empfundene Diskrepanz nur einem Vorurteil, da häufig die neue Arbeit von vornherein als dequalifiziert eingeschätzt wird.

Bei neuen, komplexeren Tätigkeiten handelt es sich selten um die bloße Übernahme bisheriger Arbeitsanteile durch die Maschine — wie es anhand gängiger, den Maßstäben bisheriger Tätigkeit entsprechender Arbeitsbewertungsschemata scheinen mag — , sondern zumeist um eine Tätigkeit, die mit neuen qualifikatorischen Anforderungen (Zunahme von Planungs-, Kodier-, Analysier-, Prüf-, Kontroll-, Überwachungstätigkeiten bzw. Tätigkeitsanteilen — Beispiele CNC, CAD, EDV, Prozeßsteuerung) und über diese unter Umständen mit neuen Belastungen verknüpft sein kann. Solchen neuen Anforderungen entspricht nämlich oft eine mangelnde Qualifikation der Arbeitenden — das widersprüchliche Interesse der Unternehmensleitung an adäquater Ausbildung, gleichzeitig aber an geringen Ausbildungskosten, an einer Vermeidung qualifizierterer und damit kompetenterer, mobilerer und teurerer Arbeitskräfte kann dazu ebenso führen wie die Mängel des dualen Ausbildungssystems oder bloße Unkenntnis der Erfordernisse. Erfordert die Arbeit eine Qualifikation, die der Arbeitende nicht mitbringt, zwingt sie ihn zu einer Kompensation seiner „Unfähigkeit" durch erhöhte Arbeitsverausgabung. Unter diesen Umständen ist ein Lernen nur schwer möglich. Die betrieblich vorgenommene Ausbildung bzw. das Anlernen orientiert sich häufig an minimalen Ausbildungs- sowie Arbeitsausfallskosten. Außerdem reicht das Anlernen unter Umständen nur für den Normalfall, nicht aber für Störungen, die dann als drohend empfunden werden müssen. Ausreichende Ausbildung und Lernmöglichkeiten während der Arbeit, etwa durch regelmäßig, ohne Zeitdruck eingesetztes „Von-Hand-Fahren" konnten von uns ebenfalls (in einem verstaatlichten Betrieb) vorgefunden werden.

Ein spezielles Problem stellt in diesem Zusammenhang der Wegfall sehr einfacher Tätigkeiten vor allem für ältere Arbeitnehmer dar, die den neuen qualifikatorischen Anforderungen nicht mehr gewachsen sind.

Vermutlich demotivierend wirkt sich die Strategie aus, Ausbildung in der Freizeit mit dem Hinweis auf den Arbeitsplatz zu erwirken. Im Interesse des Unternehmens wird dabei die Konkurrenz unter den Arbeitnehmern gefördert.


## 7.2.7 KÖRPERLICHE BELASTUNGEN, UMWELTBELASTUNGEN

Durch die Trennung von Maschine und Arbeitsplatz über die Elektronik ist eine Verringerung von Gefährdungen durch die Maschine oder Schadstoffe möglich. Besonders für die in manchen Fällen zunehmenden Resttätigkeiten bleiben aber die körperlichen Belastungen bestehen oder nehmen durch Leistungsdruck zu.

Insgesamt zeigen sich neue Beschwerden durch einseitige körperliche Bela-

stungen (vgl. oben) vor allem bei Datenerfassung, beim Transport und beim
Beschicken einer Maschine.

Die Belastungen an Bildschirmgeräten sind durch eine Verbesserung der Bildschirme, durch ergonomische und vor allem organisatorische Maßnahmen
(Mischarbeit, Pausen, Zeitbeschränkung, geringerer Leistungsdruck etc.) zu
verringern. Diese — vermeidbaren — Belastungen verringern unter Umständen das anfängliche oft gefundene Interesse am neuen Gerät (zusätzlich natürlich: Lohn- bzw. Gehaltsfragen).


## 7.2.8 ARBEITSZEIT

Neben den angeführten Problemen der Pausenregelung tritt das in den untersuchten Fällen nur als drohende Möglichkeit vorgefundene Problem der Zunahme der Schichtarbeit auf.


## 7.2.9 NEUE TECHNOLOGIEN, ARBEITSORGANISATION UND MITBESTIMMUNG

Da der Betriebsrat praktisch immer erst nach Beschluß einer technischen Innovation informiert wird — wobei die technologischen und arbeitsorganisa-
torischen Bedingungen implizit bereits weitgehend festgelegt sind, wenngleich nicht unbedingt konkret abgeschätzt —, zum Teil sogar noch eine
gewisse Zeit auf Geheimhaltung „verpflichtet" wird, besteht bei den Betroffenen von vornherein oft eine eher negative Einstellung — insbesondere wegen
der befürchteten Verringerung der Zahl der Arbeitsplätze. (Wo allerdings auf
Grund von Erweiterungen keine Einsparung von Arbeitsplätzen abzusehen
ist, bestehen auch stärkere Beteiligungen der Betroffenen, allerdings mehr
passiv über Information und „Spielenlassen" mit neuen Anlagen, selten über
Einflußnahme, die über mehr als kleinste Details hinausgeht.) Ein Einfluß auf
die Investitionen war kaum jemals gegeben.

# 8. Konsumelektronik und soziale Auswirkungen

## 8.1 Aufgabenstellung

Die Studie bezieht sich auf die Ausschreibung des Bundesministeriums für Wissenschaft und Forschung, Akt. Zl. 18.662/6-26/78 „Studie über Anwendungen, Verbreitung und Auswirkungen der Mikroelektronik in Österreich" und berücksichtigt die Subkapitel 4.4 der Ausschreibung, unter starker Berücksichtigung der Subkapitel 2.3 sowie unter Bezugnahme auf die Kapitel 1 und 5 der Ausschreibung.

Die Studie setzt sich zum Ziel, die Frage zu untersuchen, welche potentiellen Auswirkungen das Eindringen der neuen mikroelektronischen Technologien in den Konsum- und Freizeitbereich auf Lebensstil, Verhaltensweisen und auch Gesundheit des Menschen haben kann. Innerhalb eines solchen Spektrums von Möglichkeiten sollten auch Aussagen über die Bedingungen gemacht werden, unter denen die eine oder andere Entwicklungsmöglichkeit wahrscheinlicher oder unwahrscheinlicher wird. Andererseits sollte aber auch das Möglichkeitsspektrum für die österreichische Wirtschaft in diesem Bereich ausgelotet werden, was sich einerseits auf die Marktchancen, andererseits aber auch auf neue Entwicklungen im professionellen Bereich bezieht.

## 8.2 Durchgeführte Arbeiten

1. Intensives Literaturstudium, ca. 10 deutsch- und englischsprachige Zeitschriften wurden regelmäßig studiert und — soweit das Projekt betreffend — systematisch ausgewertet. Außerdem Bearbeitung einer umfangreichen einschlägigen Buchliteratur.

2. Entwicklung eines halbstandardisierten Fragebogens und Durchführung von 32 Experteninterviews, die auf Tonband aufgezeichnet und ausgewertet wurden.

3. Entwicklung eines standardisierten Fragebogens und Durchführung von 51 Interviews mit Besitzern von Videogeräten.

4. Entwicklung eines standardisierten Fragebogens und Durchführung von 35 Interviews mit Besitzern von Schachcomputern.

5. Quantitative und qualitative Auswertung obiger Interviews.

6. Studium einschlägiger Materialien zur Marktentwicklung im Freizeit- und Konsumgütersektor im Hinblick auf mikroelektronisch bestückte Geräte.

7. Erarbeitung von Szenarios auf Grund aller obigen Materialien.


## 8.3    Experteninterviews

Die Experten wurden so ausgewählt, daß sie jeweils innerhalb ihrer Organisation Entscheidungsträger waren und daß sie ein möglichst breites Spektrum der für uns relevanten Anwendungsbereiche repräsentierten. Die Interviews wurden auf Tonband aufgenommen und von dort wortgetreu transkribiert und dann ausgewertet. Der den Interviews zugrundeliegende strukturierte Leitfaden umfaßte folgende Themenkreise (wobei sich alle genannten Themen auf Mikroelektronik und Mikroprozessoren beziehen): gegenwärtige Produktions-, Verkaufs- und Anwendungssituation, spezifische Einsatzgebiete, Ausbildung, Information und Schulung, Auswirkungen auf Arbeitskräfte und Benutzer, Tempo der Entwicklung, Motivationen und Entscheidungsvorgänge pro und contra die Anwendung, gesellschaftliche Auswirkungen.

Nachstehend werden in stark komprimierter Form die wichtigsten Ergebnisse referiert. Entsprechend der Verschiedenartigkeit der Branchen und Aufgabenbereiche zeigten sich nur selten weitgehende Übereinstimmungen oder klar kontrastierende Meinungen.

Einig waren sich die Experten im wesentlichen in der Beurteilung der Mikroelektronik als der zukunftsorientierten Technologie schlechthin, die in starkem Maße die *wirtschaftliche Entwicklung* bestimmen wird, wobei vielfach die scharfe Konkurrenzsituation und der „Zugzwang" der Unternehmen zur Innovation betont wurde. Dies führe nicht selten zum Überspringen bestimmter Entwicklungsstufen, einer Möglichkeit, derer sich sogar Firmen mit solider Kapitalausstattung bedienen.

Allgemein werden gute Chancen für entsprechend einfallsreiche und aktive Firmen — auch für Klein- und Mittelbetriebe — angenommen, da der freie Verkauf hochstandardisierter Bausteine und eine in Österreich sicherlich vorhandene geistige Kapazität die Möglichkeiten für Eigenentwicklungen lasse. Allerdings sehen unsere Experten — auch diejenigen aus der Privatwirtschaft — vor allem den Staat als einen für die Zukunft wichtigen Promotor der *Forschung*. Die entscheidende Aufgabe des Staates als Lenker oder Stimulator für Technologie-Transfer wird mehrfach erwähnt, vor allem im Hinblick auf die Entwicklungs- und Anschaffungspolitik im elektronischen Bereich (z. B. bei

Post-, Bahn- und Schulwesen). Das Innovations- und Diffusionstempo einerseits, wie das *Tempo* des Obsoletwerdens der Waren und Produktionsgeräte andererseits, wurden je nach Branche unterschiedlich angegeben. So können auf dem Kleincomputermarkt Geräte bereits nach 1,5 Jahren obsolet werden, hingegen ist dieser Prozeß im Bereich der Kommunikationsmittel und erst recht der medizinischen Geräte wesentlich langsamer. Gründe hiefür sind u. a. die Relationen zwischen Entwicklungskosten und Marktgröße. Schubartige Durchbrüche auf Märkten werden in verschiedenen Bereichen für möglich gehalten oder erwartet (z. B. bei Spielwaren); erfolgt ist ein solcher Durchbruch bereits bei Taschenrechnern und Uhren.

Aus den Experteninterviews geht hervor, daß es im Ausbildungssektor sehr unterschiedliche Wege gibt, durch die von Betriebsmitarbeitern das nötige Wissen für die Handhabung mikroelektronisch bestückter Geräte erworben werden kann. In manchen Berufsgruppen zeichnet sich ein Generationensprung ab, d. h. daß ab einer bestimmten Altersstufe die Mitarbeiter nur geringe Bereitschaft zeigen, sich mit neuen Technologien auseinanderzusetzen. Vielfach wird der Erwerb derartiger Kenntnisse entweder überhaupt der individuellen Initiative überlassen, oder es werden ad hoc betriebsinterne Kurse organisiert bzw. von Lieferanten neuer Geräte (insbesondere von Großkonzernen) Einschulungskurse veranstaltet. Irgendeine Vereinheitlichung dieser Ausbildung oder gar ein Verlaß auf das staatliche Bildungswesen ist nicht abzusehen, auch nicht im Hinblick auf Basiskenntnisse. Das staatliche Schulwesen kann sich — schon wegen der legistischen und organisatorischen Rahmenbedingungen — nur mit großer Verzögerung den Anforderungen des Berufslebens und der technologischen Entwicklung anpassen. Daraus ergibt sich auch das Postulat, daß die Lehrer den Schülern die Bereitschaft und Fähigkeit zum permanenten Lernen auch über den Schulabschluß hinaus mit auf den Lebensweg geben sollten. Es wird ein stärker werdender Druck zur beruflichen Mobilität gesehen, der die Bereitschaft zur selbständigen Weiterbildung — z. T. in der eigenen Freizeit — voraussetze. Dem sogenannten „T-shaped-man", dem Menschen mit guten Grundkenntnissen bei gleichzeitig bestens fundiertem Wissen auf einem Spezialgebiet und hoher geistiger Flexibilität wird nach Meinung der Experten die Zukunft gehören.

Neben den Wissensinhalten wird auch die Wissensübermittlung Veränderungen ausgesetzt sein. Moderne Lehrbehelfe (z. B. audiovisuelle Geräte) werden den Schulunterrricht effektiver gestalten. Inwieweit davon die individuelle Kreativität der Schüler beeinträchtigt wird, läßt sich derzeit noch nicht abschätzen. Darüber hinaus ist es denkbar, daß Heimcomputer und -terminals eine Tendenz zur Dezentralisierung auf dem Bildungssektor einleiten und eventuell die Chancengleichheit in bezug auf Bildung erhöhen können (z. B. durch Verminderung regionaler Bildungsgefälle).

Eine Vielzahl von Expertenaussagen zeigt eine *Konkurrenz verschiedenartiger Systeme oder Lösungen* auf dem jeweiligen Anwendungsgebiet, wobei noch nicht klar ersichtlich ist, welche der möglichen Lösungen sich schlußendlich durchsetzen werden. Dies gilt für Aufnahme- und Wiedergabetechnik auf dem Video-Bereich, beim parallelen Programmangebot in der Massenkommunikation, bei den elektronisch übertragenen Informationssystemen (z. B. Bildschirmzeitung und Videotext), im Bankwesen und in medizinischen Anwendungen. Es wird mehrfach angedeutet, daß in vielen Bereichen „zentralistische" ebenwo wie „dezentrale" Lösungen möglich sind und wohl in der Zukunft auch koexistieren müssen. Es ist aber in einigen Bereichen offenbar noch ziemlich unklar, ob sich für bestimmte Funktionen eher zentral gesteuerte Anwendungsformen oder dezentrale Systeme durchsetzen werden. (Ein gutes Beispiel hiefür scheint die medizinische Diagnose zu sein.)

Was die Absatzmärkte anbelangt, so wird auf die Tatsache hingewiesen, daß der *Durchschnittskunde* nicht die Voraussetzungen mitbringe, Geräte zu programmieren oder auch nur raffiniertere Anwendungsmöglichkeiten auszuprobieren, sodaß viele Möglichkeiten ungenutzt bleiben. Infolgedessen geht auch der Trend dahin, auch bei relativ komplexer Technologie vereinfachende und „narrensichere" Anwendungs- und Bedienungsformen zu entwikkeln. Eine gewisse Parallele findet diese Situation auf dem Anwenderbereich in der Tatsache, daß auch im Produktionsbereich relativ wenig Nutzen aus anderswo durchgeführter Entwicklung gezogen wird, sodaß gerade im Software-Bereich — wie es ein Experte ausdrückt — „das Rad immer wieder neu erfunden wird".

An Massenarbeitslosigkeit glaubt man mehrheitlich nicht, man spricht von Umschichtungen in der *Arbeitsplatzstruktur,* die an die Flexibilität der Arbeitnehmer hinsichtlich beruflicher Mobilität hohe Anforderungen stellen werden. Eine in Zukunft kürzere Arbeitszeit würde ein Lernen in der längeren Freizeit entsprechend begünstigen. Die individuelle Arbeitszeit selbst wird sich schon bald flexibler gestalten lassen. Konferenzschaltungen, Bildtelefon, Teletextsystem und auch Heimterminals würden es mehr und mehr gestatten, gewisse berufliche Arbeiten in den eigenen vier Wänden durchzuführen.

Als Gesamteindruck darf zu den Experteninterviews noch vermerkt werden, daß überraschenderweise weiter in der Zukunft liegende Entwicklungen kaum ins Auge gefaßt werden und auch wenig Interesse an Entwicklungen auf Nachbargebieten vorhanden zu sein scheint; es überwiegen vorsichtige, kurzfristige Prognosen. Im Grunde werden keine großen Veränderungen des täglichen Lebens durch die Mikroelektronik antizipiert.

Ob die technische Entwicklung das Leben in Zukunft verbessern oder verschlechtern werde, sei aus der Technologie der Mikroelektronik selbst nicht ableitbar, da diese zweckneutral konzipiert sei, vielmehr hänge es von der *Eigenverantwortlichkeit* des Einzelnen als Anwender ab, welche Zukunftsperspektiven sich durch diese Technologie eröffneten.

## 8.4 Freizeitelektronik (Befragung zu Videorecorder und Schachcomputer)

In unserem Forschungsprojekt über die sozialen Auswirkungen von Konsumgütern, die mit Mikroelektronik und Mikroprozessoren bestückt sind, wurde den Fragen der Diffusion, Akzeptanz, Verwendung und den daraus resultierenden gesamtgesellschaftlichen Folgen nachgegangen. Als typische Vertreter dieser Gerätegruppe wurden Videorecorder und Schachcomputer ausgewählt. Wenn man bedenkt, daß einerseits laut Mikrozensus vom Juni 1979 nur 2% der österreichischen Haushalte über einen Videorecorder verfügen, andererseits Schachcomputer erst relativ neu auf dem Markt sind, so kann man in beiden Fällen die gegenwärtigen Besitzer als „Pioniere" bezeichnen und — ähnlich den TV-Untersuchungen um 1950 in den USA — die uns interessierenden Fragestellungen genauer beantworten.

Im folgenden sollen daher die wichtigsten Ergebnisse dargestellt werden, die auf 51 Interviews für Videorecorder und 35 Interviews für Schachcomputer beruhen, die im Großraum Wien durchgeführt wurden. Als Frageinstrument diente ein halbstandardisierter Fragebogen, wobei jeder Interviewte bei bestimmten Fragen auch über alle anderen Personen im Haushalt Auskunft geben mußte.

### 8.4.1 FERNSEHEN UND VIDEORECORDER

*Sozialdaten:* Unter den 51 Interviewpartnern waren 6 Frauen. Das Gesamtdurchschnittsalter betrug knapp 38 Jahre. Drei Viertel waren verheiratet, weitere 10% lebten mit einem festen Partner. Die durchschnittliche Haushaltsgröße war 3 Personen. Das durchschnittliche Haushaltseinkommen liegt knapp unter 20.000 S, wobei wir begründeten Verdacht haben, daß einige Interviewte stark untertrieben haben. Die Hälfte hat jedoch nur Pflichtschulabschluß mit anschließender Lehre bzw. Fach- oder Handelsschule, ein Drittel AHS- oder HTL-Abschluß, nur eine Person ein abgeschlossenes Hochschulstudium. Hingegen gab es 6 Uni-drop-outs.

Es wurde versucht, den *Kaufentscheidungsprozeß* insofern nachzuvollziehen, als wir drei verschiedene Zeitpunkte erhoben: erste Information über derartige Geräte, Besitzwunsch, Kaufdatum des ersten Gerätes sowie die jeweiligen Begleitumstände.

Das *durchschnittliche Erstinformationsdatum ist Mitte 1974.* Bei der *Art der Erstinformation* scheint sich zunächst wieder die Macht der Werbung gegenüber der Mundpropaganda zu bestätigen. Bei näherer Untersuchung ändert sich jedoch dieses Bild: Die *Erstinformationen durch Sozialkontakte* erfolgten fast ausschließlich *erst ab 1979* und durch Personen, die selbst schon ein Gerät besaßen. Damit beginnt sich der gleiche Prozeß wie beim Fernsehen abzuzeichnen: Das Sehen eines Videorecorders bei Freunden oder Bekannten wirkt unmittelbar besitz- und kaufstimulierend! Die Verteilung des *Besitzwunschdatums* ergab den Durchschnittswert *Anfang 1976.* Ausschlaggebend waren zu zwei Drittel keine aktuellen Anlässe. Als *Gründe* wurden vorwiegend technisches Interesse, ungünstige Sendezeiten im Fernsehen oder einfach „haben wollen" angegeben.

Beim *Kaufdatum* wurde jenes des ersten Gerätes berücksichtigt. Die Befragten sind daher im Schnitt *seit Mitte 1977 Erstbesitzer von Videorecordern.* Der Median der Zeitdifferenz zwischen Besitzwunsch- und Kaufdatum ist ca. 1 Jahr. Bei einem Drittel verstrichen nicht einmal 6 Monate. Diese Gruppe gab als Kaufanlaß entweder einen Gelegenheitskauf an, oder man bezeichnete sich als prinzipiellen Spontankäufer. Jene, die länger als 6 Monate bis zum Kauf benötigten, mußten entweder auf das Gerät sparen, oder sie warteten auf eine technische Verbesserung. Ein „bewußter Konsument" kommt jedenfalls kaum vor.

*Bedienung des Gerätes:* Wir haben die Frage gestellt, wie oft die Personen im Haushalt das Gerät sowohl beim Aufzeichnen als auch beim Abspielen bedienen und warum. Es ergibt sich folgendes Bild: „*Oft*" wird das Gerät vom männlichen Haushaltsvorstand bedient, der speziell beim Aufzeichnen die Rolle eines „*Cheftechnikers*" einnimmt.

Nur in Einzelfällen kommt es zu *Kontroversen* darüber, was aufgezeichnet oder gelöscht werden soll. Im allgemeinen wird die Meinung und der Geschmack der Person, die es bedient — und das ist ja in der Regel der Mann—, nicht weiter hinterfragt. Hingegen gab ein Viertel zu, daß es in der Frage des Abspielens von Bändern schon zu Diskussionen gekommen ist. Vorwiegend waren aber Kinder die Ursache.

*Verwendung des Gerätes:* Zunächst interessierte uns, wie *intensiv* die Videorecorder verwendet und wie langfristig die Aufzeichnungen aufgehoben werden. Zum Vergleich erhoben wir auch die Nutzung des Videorecorders als Programmquelle. Durchschnittlich wurden in den vergangenen 14 Tagen 8,5 Stunden aufgezeichnet, 7,6 Stunden gesehen und 4,5 Stunden wieder gelöscht. Auf Grund des *Überschusses von Aufzeichnungen* ergibt sich somit die Notwendigkeit der „*Videothek*", wobei der bereinigte Durchschnitt der momentan verfügbaren bespielten Bänder bei 20 Stunden liegt. Fast ein Drittel der Befragten hat in seinem Bekanntenkreis jemanden, mit dem man *Cassetten tauscht.* Mit diesen Personen war man aber schon vorher bekannt. Der Videorecorder scheint somit kein Medium für neue soziale Kontakte zu sein.

*Fernsehen und Video:* Die Gründe für das *prinzipielle Aufzeichnen* von Fernsehsendungen können zweifach sein: entweder extrinsisch auf Grund des ausgestrahlten Zeitpunktes, oder intrinsisch wegen des persönlichen Interesses am Inhalt. Der erste Grund ist bedeutend ausschlaggebender. Der Videorecorder kann somit die Unzufriedenheit mit dem Sendezeitpunkt vermindern.

Interessant erscheint der Vergleich zwischen jenen Sendungen, die man *im Fernsehen am liebsten* sieht, und solchen, die inhaltlich so sehr interessieren, daß man sie *gerne aufzeichnet.* Dabei mußten die befragten Personen eine Reihung der jeweils *drei beliebtesten Sendungen oder Programme* vornehmen. In Übersicht 8.1 sind die dementsprechenden Ergebnisse aufgelistet. Daraus ist ersichtlich, daß sich die kumulierten Werte zwischen Sendungen im Fernsehen und für Video kaum unterscheiden. Lediglich an die Stelle von Information tritt Wissenschaft, was doch einen leichten „*kulturellen Einbruch*" bedeutet.

*Übersicht 8.1*

**Sendungen, die man gerne im Fernsehen sieht, und Sendungen, die man gerne aufzeichnet**

(in %)

| | Fernsehen | | Video | |
|---|---|---|---|---|
| Total: | Spielfilm | 17 | Spielfilm | 17 |
| | Spannung | 16 | Spannung | 17 |
| | Unterhaltung | 16 | Unterhaltung | 15 |
| | Information | 14 | Wissenschaft | 10 |
| | Sport | 11 | Sport | 8 |
| 1. Wahl: | Spannung | 21 | Spielfilm | 23 |
| | Information | 21 | Spannung | 18 |
| | Spielfilm | 14 | Unterhaltung | 18 |
| | Unterhaltung | 12 | Sport | 10 |
| | Sport | 9 | Wissenschaft | 8 |
| 2. Wahl: | Spielfilm | 24 | Spannung | 19 |
| | Sport | 17 | Spielfilm | 16 |
| | Spannung | 15 | Unterhaltung | 16 |
| | Unterhaltung | 15 | Wissenschaft | 8 |
| | Information | 7 | Theater | 8 |
| 3. Wahl: | Unterhaltung | 22 | Wissenschaft | 16 |
| | Spielfilm | 12 | Spannung | 13 |
| | Spannung | 12 | Spielfilm | 10 |
| | Information | 12 | Unterhaltung | 10 |
| | Wissenschaft | 10 | Theater | 7 |

Die Erweiterung des Fernsehens durch den Videorecorder zeigt somit Ansätze einer *Bildungsfunktion,* die insofern beachtenswert ist, da sie *nicht organisiert* zustandekommt. Bei entsprechendem Ausbau und Planung sind hier gute Chancen vorhanden, beide Medien kombiniert für Weiterbildungszwecke einzusetzen. Dieses Ergebnis wird noch dadurch unterstrichen, daß über die Hälfte der Personen angaben, es sei ihnen beim *wiederholten Ansehen* von Sendungen etwas aufgefallen, was sie vorher nicht wahrgenommen hatten. Insbesondere bezieht sich dies auf ästhetische Dimensionen.

*Persönliche Bindung an das Gerät:* Wir gingen von der Hypothese aus, daß zu technischen Geräten — zumindest in der Pionierphase — eine *affektive und libidinöse Bindung* besteht, und stellten dementsprechende Fragen: Für fast alle ist die *Freude am Gerät* seit dem Kauf gleichgeblieben oder hat sogar zugenommen. Fast die Hälfte hat nur aus *Demonstrationsgründen* Bekannte

Übersicht 8.2

**Veränderungen der Freizeit durch Videorecorder bzw. Schachcomputer**

| | %-Differenz[1) | | nie getan | |
| --- | --- | --- | --- | --- |
| | Video | Schach | Video | Schach |
| Sich weiterbilden, Lernen | +24 | 0 | 10 | 9 |
| Besuche empfangen | +23 | + 6 | 7 | 0 |
| Hobby | +17 | +23 | 26 | 9 |
| Freunde, Verwandte besuchen | +17 | — 9 | 2 | 3 |
| Ausflüge, Wochenendreisen | +13 | 0 | 7 | 3 |
| Bücher lesen | +10 | —19 | 5 | 6 |
| Sich unterhalten | +10 | + 6 | 2 | 0 |
| Vereinstätigkeit | + 9 | +38 | 45 | 38 |
| Familienleben | + 8 | — 9 | 5 | 0 |
| Sport betreiben | + 7 | +23 | 33 | 9 |
| Gartenarbeit | + 6 | — 7 | 57 | 59 |
| Spazierengehen | + 5 | —19 | 12 | 9 |
| Basteln, Handarbeit | + 4 | —11 | 31 | 47 |
| Zeitung lesen | + 3 | + 9 | 5 | 6 |
| Schlafen, Nichtstun | + 2 | —29 | 0 | 0 |
| Tierpflege | 0 | 0 | 62 | 50 |
| Filmen, Fotografieren | 0 | —15 | 17 | 21 |
| Musizieren | 0 | +15 | 67 | 62 |
| Einkaufsbummel | 0 | —10 | 29 | 38 |
| Zeitschriften lesen | — 3 | —10 | 17 | 9 |
| Lokalbesuch | — 3 | +10 | 21 | 15 |
| Spielen | — 4 | —13 | 31 | 9 |
| Sportstättenbesuch | — 5 | —10 | 48 | 38 |
| Radio hören | — 5 | 0 | 7 | 6 |
| Theater, Oper, Konzert | —14 | —14 | 12 | 18 |
| Kino | —16 | — 8 | 31 | 27 |
| Fernsehen | | —26 | | 0 |

[1) %-Differenz zwischen „mehr" und „weniger", bezogen auf alle, die diese Tätigkeit überhaupt ausüben.

oder Freunde eingeladen, die immer „sehr beeindruckt" waren. Mehr als zwei Drittel würden den Videorecorder *prinzipiell nicht herborgen*. Etwas weniger als die Hälfte würde das Gerät auf keinen Fall *verkaufen;* der überwiegende Teil würde zwar zustimmen, sich jedoch sofort ein besseres zulegen.

*Auswirkungen auf das Freizeitverhalten:* Das *durchschnittliche Freizeitausmaß* beträgt bei unseren Befragten werktags 4,4, samstags 8,9 und sonntags 10 Stunden. 26 *Freizeitaktivitäten* wurden einzeln danach abgefragt, ob man diese seit Vorhandensein des Videorecorders mehr, gleich viel oder weniger ausgeübt bzw. nie getan hat. Übersicht 8.2 zeigt die Prozentdifferenz bezüglich derer, die diese Tätigkeit überhaupt ausübten, sowie den Prozentsatz jener Personen, die diese Tätigkeit nie getan haben.

90% unserer Befragten glaubten, daß sie nun nicht mehr Zeit zu Hause verbringen. Zwei Drittel geben keine Veränderung der Schlafensgewohnheiten an; vom Rest sind allerdings mehr der Meinung, daß sie nun mehr schlafen. Ein Drittel kann das Gerät auch für den Beruf oder Nebenberuf verwenden.

Neben dem Einfluß auf Freizeittätigkeiten ist die *Stellung des Fernsehens innerhalb der Medien* von Interesse. Übersicht 8.3 zeigt die Regelmäßigkeit der Nutzung verschiedener Kommunikations- und Informationsmedien — der

*Übersicht 8.3*

**Regelmäßigkeit der Nutzung verschiedener Kommunikations- und Informationsmedien von Videorecorder- bzw. Schachcomputer-Besitzern in der Freizeit**

| | regelmäßig | | öfters | | selten | | nie | |
|---|---|---|---|---|---|---|---|---|
| | Video | Schach | Video | Schach | Video | Schach | Video | Schach |
| | | | | | in % | | | |
| Tageszeitung | 57 | 71 | 17 | 15 | 7 | 3 | 19 | 12 |
| Wochenzeitung | 17 | 21 | 7 | 15 | 26 | 26 | 50 | 38 |
| Monatsschrift | 26 | 32 | 5 | 12 | 17 | 38 | 52 | 18 |
| Illustierte | 10 | 9 | 10 | 12 | 47 | 56 | 33 | 24 |
| Fachzeitschriften, -bücher | 36 | 41 | 24 | 44 | 19 | 12 | 21 | 3 |
| Politische, wissenschaftliche Magazine | 14 | 21 | 19 | 18 | 33 | 32 | 33 | 29 |
| Ö 1 | 0 | 9 | 14 | 15 | 26 | 41 | 60 | 35 |
| Ö Regional | 5 | 3 | 10 | 15 | 31 | 50 | 55 | 32 |
| Ö 3 | 31 | 35 | 26 | 38 | 24 | 18 | 19 | 9 |
| FS 1 | 60 | 38 | 31 | 47 | 10 | 12 | 0 | 3 |
| FS 2 | 52 | 38 | 41 | 47 | 7 | 12 | 0 | 3 |
| Ausstellungen | 2 | 6 | 21 | 24 | 52 | 50 | 24 | 21 |
| Vorträge | 2 | 6 | 17 | 6 | 38 | 44 | 43 | 44 |
| Kino | 0 | 9 | 7 | 35 | 62 | 24 | 31 | 32 |
| Theater, Oper, Konzert | 14 | 3 | 14 | 21 | 60 | 59 | 12 | 18 |
| Museum | 0 | 3 | 14 | 15 | 64 | 62 | 21 | 21 |
| Gasthaus, Kaffeehaus | 7 | 29 | 26 | 24 | 43 | 26 | 24 | 21 |

Begriffsrahmen wurde hier bewußt sehr weit gesteckt — in der Freizeit: Fernsehen, Tageszeitung und Ö 3 bilden den Grundstock der Information. Einen besonders hohen Stellenwert nehmen Fachzeitschriften und Bücher ein. Dies dürfte eine Auswirkung des allgemeinen Leistungsdrucks sein, daß man, ohne einen Teil der Freizeit zu opfern, kaum mehr in seinem Beruf auf dem laufenden sein kann. Auffallend ist auch das hohe Desinteresse an Wochenzeitungen und Monatsschriften sowie an Ö 1 und Ö Regional.

*Technischer Fortschritt im Haushalt:* Die Videorecorder-Haushalte sind eindeutig *über dem Durchschnitt* mit technischen Geräten ausgestattet, und zwar nicht nur bezüglich der Standardgeräte, sondern auch bei der *„sophisticated technology"* wie z. B. Mikrowellenherd, Sprechfunkgeräte, Heimorgel. Darüber hinaus besitzt fast ein Drittel zwei oder mehr Farbfernsehgeräte. Mehr als ein Drittel der Pkw-Haushalte verfügt über einen Zweit- oder sogar Drittwagen. Angesichts der Sozialdaten sind dies einigermaßen überraschende Ergebnisse. Man kann daher sagen, daß Videorecorder-Pioniere eine allgemein hohe technische Akzeptanz aufweisen und diese auch in die Praxis umsetzen.

Sowohl die Verbreitung verfügbarer Peripherie von Kommunikationsmedien als auch der *Informationsstand* über geplante Projekte sowie der *Wunsch* nach ihnen sind wichtige Informationen über die künftige Akzeptanz der *„Neuen Medien"*. Den Personen wurde daher eine Liste vorgelegt, die von gängigen Produkten bis zu speziellen Planungen reichte. Da wir die Population unserer Stichprobe als technisch-fortschrittlich einstufen können, ist der geringe *Bekanntheitsgrad* z. B. des Zweiweg-Kabels oder des interaktiven Videotext bemerkenswert. Auch beim Heimcomputer läßt der Informationsstand zu wünschen übrig.

Wenn sich nun schon unsere Fortschrittsgruppe unter vielen Zukunftsprojekten kaum etwas Reales vorstellen kann, dann kann geschlossen werden, daß ein *Großteil der Bevölkerung* über diese Vorhaben und ihre Anwendungen *überhaupt nicht informiert* sein dürfte. Gerade dieser Punkt stellt jedoch eine große Gefahr dar. Leicht kann damit die *Bevölkerung zur Spielwiese* von Propaganda und Gegenpropaganda werden, wobei der einzelne Bürger überhaupt nicht verstehen kann, worum es geht. Polemik, Eloquenz und sonstige Äußerlichkeiten sind dann entscheidender als das sachliche Argument.


## 8.4.2 SCHACHCOMPUTER

Der Einbruch von Mikroelektronik und Mikroprozessoren in den Bereich des kreativ-intellektuellen Spiels zu zweit könnte einen Umbruch signalisieren, dessen Konsequenzen sich erst am Rande abzuzeichnen beginnen: statt Mitmensch und Partner die Mitmaschine?

*Sozialdaten:* Das Durchschnittsalter der 35 Interviewpartner (darunter 1 Frau) lag bei knapp 32 Jahren. Über die Hälfte der Befragten war ledig, nicht ganz die Hälfte der Haushalte bestand aus 4 und mehr Personen.

Ein Drittel der Befragten steht noch in der Ausbildung, d. h. in unserem Fall: Mittelschüler bzw. Studenten, deren Eltern zu 20% Akademiker sind. Neben diesen noch in Ausbildung Befindlichen sind Maturanten (berufstätig), Uni-drop-outs (4) und Akademiker mit einem guten Viertel eindeutig überrepräsentiert.

Das durchschnittliche Haushaltseinkommen mit 16.000 S ist sicher nicht realistisch, da zum einen anzunehmen ist, daß die Schüler bzw. Studenten über die finanzielle Situation ihrer Familie nicht korrekt informiert sind, zum anderen die Antwortverweigerer (9%) Selbständige waren, die ihre finanzielle Lage nur ungern — trotz Zusicherung vollkommener Anonymität — offenlegen.

*Kauf des Gerätes:* Daß fast die Hälfte aller Käufe im Dezember erfolgte, zudem ein Drittel der Befragten das Gerät als Geschenk bezeichnete, d. h. daß es im „Weihnachtsgeschäft" gekauft wurde, soll nicht darüber hinwegtäuschen, daß immerhin 44% als sogenannte „bewußte Konsumenten" einzustufen sind, die die Zeitdifferenz zwischen Erstinformation und Kauf von 14 Monaten (Median) mit folgenden Argumenten erklärten (gereiht):
— den Preisverfall abwarten,
— auf ein günstiges Angebot reagieren,
— auf technische Verbesserungen warten.

*Bedienung des Gerätes:* Schachspielen — auch mit dem Computer — scheint nach wie vor „Männersache" zu sein: abgesehen von der einzigen Befragten, spielen nur 4 weibliche Familienangehörige Schach, nützen das Gerät aber nur selten.

*Verwendung des Gerätes:* Es ergab sich — im Hinblick auf die letzten 14 Tage — folgender Durchschnitt: 6 Partien mit dem Computer, die nicht ganz eine Stunde dauerten. Hinzu kamen noch jeweils ca. 8 Partien mit menschlichen Partnern, die etwas mehr als 30 Minuten dauerten. 9 Befragte hatten in diesem Zeitraum überhaupt nicht gespielt. Dennoch glauben 90% „mehr" bzw. „viel mehr" Schach zu spielen, seit sie den Computer besitzen. Interessanterweise hat das Schachspiel zu Hause mit menschlichen Partnern abgenommen, hingegen das außer Haus zugenommen.

Jene „calvinistic hesitation", die für Videorecorder-Besitzer charakteristisch zu sein scheint, dürfte keine Rolle für die Besitzer eines Schachcomputers spielen, obwohl sie zugegebenermaßen mehr Schach spielen als früher, ihr Zeitbudget sich aber doch etwas verschoben haben dürfte (siehe unten). Ein Drittel gibt zu, sich „zu viel" mit dem Gerät zu beschäftigen; die Begründung dazu kommt jedoch von außerhalb: Mütter mahnen Schularbeiten ein, Gattinnen fühlen sich vernachlässigt (15%).

*Persönliche Bindung an das Gerät:* Vorausgeschickt muß werden, daß nur ein Viertel der Befragten sich wirklich ganz auf das Spiel mit dem Gerät konzentrierte. Von den Beschäftigungen, die zugleich gemacht werden, standen an erster Stelle:

1. Lesen (15)
2. passiver Konsum von Massenmedien (11)
3. Schularbeiten (6)
4. Tätigkeiten im Haushalt (5)
5. Musizieren (2) und
   Beschäftigung mit vergleichbaren technischen Geräten (2)

Hinzu kommt, daß nur für ein Drittel die Freude am Gerät seit der Anschaffung gleich geblieben ist (vgl. zwei Drittel bei Videorecordern), hingegen hat sie für fast zwei Drittel abgenommen.

Weit über die Hälfte ziehen nach wie vor einen menschlichen Schachpartner vor und begründen dies zu 75% mit der fehlenden Interaktion, Spannung und Unpersönlichkeit des Computerspiels. Aber auch diejenigen, die zeitweise den Computer als Spielpartner vorziehen, nennen vorwiegend einen sehr praktischen Grund, der zugleich aber das Gerät jedem menschlichen Partner überlegen macht: der Schachcomputer steht *immer zur Verfügung.*

Die Möglichkeit des Ärgerns über ein verlorenes Spiel legt — wenn auch mit Einschränkungen — zunächst den Schluß nahe, daß der Computer in gewisser Weise als Partner akzeptiert wird. Dies scheint sich zu bestätigen, wenn zudem 35% angeben, sich dann über die „eigene Blödheit" zu ärgern. Darüber hinaus gaben 14% an, sich besonders deshalb zu ärgern, weil sie gegen eine Maschine verloren haben. Zur Kontrolle stellten wir die Frage, ob es einen grundsätzlichen Unterschied mache, gegen einen Computer oder gegen einen Menschen zu verlieren. Zwei Drittel bejahten diese Frage und verwiesen auf
1. die fehlenden interaktiv-sozialen und die emotionell-psychischen Komponenten beim Computerspiel und
2. die Indifferenz des Computers gegenüber dem Leistungsprinzip,

womit wohl die wesentlichen Faktoren eines Kampfspiels, die eben für Schach charakteristisch sind, beschrieben wurden.

*Auswirkungen auf das Freizeitverhalten:* Verglichen mit dem Profil der Video-recorder-Besitzer zeigen die Besitzer von Schachcomputern deutlich mehr outdoor-Aktivitäten: man geht ins Kino, besucht gerne Lokale und Sportstätten, treibt auch selbst Sport, hat viele Hobbys und spielt — neben Schach — viel; hingegen bastelt man nicht sonderlich viel, schätzt Einkaufsbummel nicht besonders und geht selten ins Theater (Konzert, Oper). Auffallend zurückgegangen ist der TV-Konsum, um mehr als ein Viertel, er beträgt etwas mehr als eine Stunde täglich. Besonders interessant ist der Vergleich beider Populationen bezogen auf die Nutzung verschiedener Kommunikationsmedien. Schachcomputer-Besitzer lesen sehr viel (Tages-, Wochenzeitungen, Monatsschriften, Fachzeitschriften), aber kaum Illustrierte; außerdem hören sie weit mehr Radio, und zwar alle drei Programme (fast 30% Ö 1); der regelmäßige TV-Konsum ist aber deutlich geringer.

Übersicht 8.4

**Bekanntheit, Wunsch und Besitz von bereits bestehenden oder geplanten Geräten bzw. Projekten bei Videorecorder- bzw. Schachcomputer-Besitzern**

|  | bekannt | | gewünscht | | vorhanden | |
|---|---|---|---|---|---|---|
|  | Video | Schach | Video | Schach | Video | Schach |
|  |  |  | in % |  |  |  |
| Videokamera | 98 | 88 | 57 | 26 | 21 | 0 |
| TV-Spiele-Computer | 95 | 88 | 17 | 12 | 41 | 32 |
| Teletext | 95 | 91 | 36 | 29 | 0 | 0 |
| Kabelfernsehen | 95 | 100 | 81 | 59 | 5 | 3 |
| Bildschirmzeitung | 93 | 76 | 33 | 30 | 0 | 0 |
| Bildtelefon | 93 | 88 | 38 | 26 | 0 | 0 |
| Bildplatte | 76 | 41 | 17 | 18 | 0 | 0 |
| Datenbank-Anschlußprojekte | 74 | 56 | 26 | 21 | 2 | 0 |
| Heimcomputer | 67 | 65 | 14 | 24 | 14 | 3 |
| Elektronisches Regelungssystem für den Haushalt | 50 | 47 | 29 | 18 | 0 | 0 |
| Zweiweg-Kabel | 29 | 21 | 12 | 3 | 0 | 0 |
| Interaktives Videotex | 10 | 6 | 0 | 0 | 0 | 0 |
| Videorecorder |  | 88 |  | 56 |  | 9 |

Die Haushalte der Befragten sind zwar überdurchschnittlich gut — verglichen mit dem Mikrozensus — mit technischen Geräten ausgestattet (vgl. Übersicht 8.4), sind aber im Vergleich weniger komplett als die der Videorecorder-Besitzer. Besonderes Desinteresse besteht gegenüber Kabel-TV, Zweiweg-Kabel und Heimcomputern, d. h. also Möglichkeiten der Interaktion und Information innerhalb der eigenen vier Wände.

### 8.4.3 ZUSAMMENFASSENDE ERGEBNISSE DER UNTERSUCHUNG ZUR FREIZEITELEKTRONIK

— Es liegt eine ähnliche Bedienungsstruktur wie bei anderen technischen Geräten vor: es besteht eine *eindeutige Dominanz des Mannes* als „Cheftechniker" bzw. als Schachspieler.

— Es zeigt sich *kein* wesentlicher Einfluß auf die bestehenden Freizeit-Verhaltensmuster, vielmehr *verstärken* die Geräte nur bereits bestehende „patterns".

— Die Akzeptanz für neuartige technische Geräte ist sowohl *einkommens- als auch schichtunabhängig,* es motiviert vielmehr eine bereits überdurchschnittlich *umfangreiche technische Ausstattung* zum Kauf weiterer, auch neuartiger Geräte.

— Der *Diffusionsprozeß* beider Geräte ist ähnlich: auf die *Vorführung* eines Gerätes folgt die *Verführung zum Kauf,* während sich die Werbung über Inserat, Prospekt, TV-Spots etc. als weniger bedeutsam erweist.

— Auf Grund der starken Konkurrenzsituation des Marktes geraten die Hersteller in „*Zugzwang*", dessen Resultat einerseits *nicht voll ausgereifte* Produkte mit mangelnder *Kompatibilität* gegenüber anderen Systemen, andererseits Produkte teilweise mit *Funktionen* sind, die der Konsument als *irrelevant* bzw. sinnlos bezeichnet.

## 8.5  Szenarios gesellschaftlicher und technischer Entwicklung

### 8.5.1  DIE KONSTRUKTION DER SZENARIOS

Auf Grund des zur Verfügung stehenden Materials wurden im Teamwork vier Szenarios möglicher gesellschaftlicher Entwicklungen erarbeitet und deren absehbare Charakteristika bezüglich der Anwendung der Technik dargestellt. Hiefür wurden zwei Variables mit dichotomer Ausprägung herangezogen, die als besonders relevant für die Fragestellung der vorliegenden Studie angenommen werden konnten:

1. Wirtschaftslage:
   — günstig
   — ungünstig
(Es wurde angenommen, daß die Entwicklung in Österreich nicht prägnant von der wirtschaftlichen Entwicklung derjenigen Länder abweichen würde,

die vor allem als Empfängerländer österreichischer Exporte in Frage kommen.)

2. Politische und ökonomische Grundhaltungen (Werte und Strukturen):
— technokratisch
— partizipatorisch
(Diese Dichotomie ist nicht als Verschiebung innerhalb parteipolitischer Einflüsse oder Wählerpräferenzen zu verstehen. Vielmehr gehen wir von der Annahme aus, daß sich in den etablierten politischen Parteien beide Tendenzen finden. Für die Definition der beiden Begriffe siehe Szenario I und III.)

Die Kombination der Variablen führt zu vier idealtypischen Szenarios, anhand derer die Konsequenzen zukünftiger Entwicklungsmöglichkeiten durchgespielt werden können. Die Konstruktion von *Idealtypen* bietet sich insofern an, als langfristige Entwicklungsmöglichkeiten in Form abstrakter Modelle dargestellt werden können, ohne quantifizierende Detailgenauigkeit vortäuschen zu müssen.

Die vorgestellten Szenarios decken mit ihren spezifischen Rahmenbedingungen eine große Bandbreite von Alternativen ab, innerhalb derer die Zukunft unserer Gesellschaft liegen könnte, wobei wir uns an einem ungefähren Zeithorizont von 15 Jahren orientieren. Für die qualitative Analyse werden folgende gesellschaftlichen Bereiche als relevante Dimensionen herangezogen:

— Wertstrukturen
— Bildung
— Soziales Umfeld
— Arbeitssphäre
— Freizeit
— Interaktion — Kommunikation
— Gesundheit und Umwelt
— Rückwirkungen auf das System

Es folgen gegenüber dem ursprünglichen Material äußerst komprimierte Kurzdarstellungen der einzelnen Szenarios mit einigen Hinweisen auf den Bereich der Mikroelektronik.


### 8.5.2  SZENARIO I: GÜNSTIGE WIRTSCHAFTSLAGE — TECHNOKRATISCHE GRUNDHALTUNG

Starke Orientierung an materiellen Werten und Wirtschaftswachstum: Es entwickelt sich eine gewisse Dichotomie zwischen den *Eliten,* die stark instrumentell orientiert sind und innerhalb derer starke Spezialisierung und Konkurrenz herrscht, einerseits, und den breiten *Massen,* die hedonistisch und an Konsum orientiert sind und sich auf die inzwischen weiter ausgebauten sozialen Fangnetze verlassen, andererseits. Verkürzung der Arbeitszeit infolge der Rationalisierung läßt den Freizeitkonsum wichtig werden.

*Mikroelektronik* kommt in dem großen Freizeitmarkt zum Tragen: raffiniertes Spielzeug und Spiele, auch für Erwachsene; wichtige Rolle der Massenmedien; durch Vollverkabelung und Satellitenfernsehen sowie neue Formen der Speicherung (Video-Discetten etc.) ergibt sich ein Überangebot an Medienprogrammen; gute Marktchancen für Innovatoren im Medienangebot und für elektronisch gesteuerte Selektionseinrichtungen zur Auswahl aus dem Programmüberangebot.

Im *Ausbildungsbereich* zeichnet sich eine Kommerzialisierung der Ausbildung für hochspezialisierte Berufe ab, wobei auf diesem Markt elektronisch unterstützte Lernhilfen und interaktive Lernprogramme eine große Rolle spielen. Andererseits existiert ein vom Staat oder von großen Verbänden betreutes Bildungs- und Kulturangebot für die breiten Massen.

Weiterer wichtiger Markt für den Einsatz der Mikroelektronik: Haushaltsgeräte, Produktionstechnik, Verwaltung, Textverarbeitung. Die Entstehung großer zentralistischer Versorgungssysteme im medizinischen Bereich bedingt den Einsatz neuartiger medizinisch-technischer Geräte, bei denen innovative Ideen zum Einsatz der Mikroelektronik große Chancen haben, andererseits aber auch einen hohen Kapitaleinsatz erfordern.


### 8.5.3 SZENARIO II: UNGÜNSTIGE WIRTSCHAFTSLAGE — TECHNOKRATISCHE GRUNDHALTUNG

Zwar ist hier die Grundhaltung die gleiche wie in Szenario I, doch finden die Bedürfnisse infolge der ökonomischen Engpässe nicht mehr die volle Befriedigung, was zu einer größeren *Labilität* des gesellschaftlichen und ökonomischen Systems führt. Ein weiterer Ausbau des Sozialstaates ist hier nicht mehr möglich, zumal mit einem starken Anstieg der strukturellen Arbeitslosigkeit zu rechnen ist. Neben der Dichotomie Elite — ssen spielt hier das Aufkommen militanter „Anti-Gruppen", unter Umständen auch religiöser bzw. pseudoreligiöser Massenbewegungen eine größere Rolle.

Bei den Anwendungen der *Mikroelektronik* ergibt sich bei Szenario II zwar nicht ein völlig geändertes Bild gegenüber Szenario I, jedoch eine deutliche Akzentverschiebung auf Energiesparen (elektronische Steuerung des sparsamen Einsatzes von Kraftstoffen in Motoren, durch Sensoren gelenkte Systeme optimaler Wärmenutzung bei Heizungssystemen). Eine weitere Akzentverschiebung ergibt sich zu *Sicherungssystemen* (z. B. Zugangssicherung zu Gebäuden und Fahndung mittels pattern recognition, stärkerer Einsatz von Satelliten zu Überwachungszwecken statt zur Programmabstrahlung). Besondere Marktchancen ergeben sich hier auch für elektronisch bestückte Kleingeräte, für „elektronische Heimwerker" und für medizinische Tests, da hier die großen zentralistischen medizinischen Versorgungssysteme nicht mehr finanziert werden können. Es wäre bei diesem Szenario auch denkbar, daß administrative Tätigkeit als Heimarbeit über Terminals forciert werden könnte, um den Energieverbrauch durch den Straßenverkehr zu reduzieren.


## 8.5.4   SZENARIO III: UNGÜNSTIGE WIRTSCHAFTSLAGE — PARTIZIPATORISCHE GRUNDHALTUNG

Bei diesem Szenario wird angenommen, daß der Typus des reflexionsfähigen selbst- und mitverantwortlichen Bürgers häufiger vorhanden ist. Dies bedeutet dessen stärkere Mitwirkung in dezentralen Entscheidungsbereichen, die vor allem demokratisiert werden. Vorstellbar ist einerseits das Weiterbestehen eines Restbestanes an technokratischen Massenversorgungs- und -beglückkungssystemen, andererseits das Aufkommen *partizipatorisch-dezentraler Systeme* von Austauschbeziehungen und Sozialdiensten, die nicht profitorientiert sind und die zudem die Folgen der Arbeitslosigkeit zu mildern vermögen.

Generell gesehen wird in einem Szenario III weniger Mikroelektronik zum Einsatz kommen als im Szenario I und II, da dieser Menschentypus einer Anwendung raffinierterer Elektronik in Bereichen wie Spielzeug, Massenmedien, aber auch Bildung und Medizin eher skeptisch gegenübersteht. Bei der ungünstigen Wirtschaftslage wird hier mehr menschliche Arbeitskraft auf Sozialdienste und auf Bildungs- und Informationsinhalte angewandt. Auch Entscheidungsprozesse in kleinräumigen Einheiten spielen eine wichtige Rolle.

Daraus ergeben sich für die Anwendung der Mikroelektronik folgende *Akzentverschiebungen:* bei den Medien eine Tendenz zur Entkommerzialisierung und zur Anhebung von Informations- und Bildungsangeboten. Dies gilt auch für Cassetten- und Discettenmärkte und den Elektronikeinsatz an Heimterminals. Eine Akzentverschiebung zur Entwicklung von „interacting networks" und zur Nutzung elektronisch gesteuerter Konferenzschaltungen für kleinräumige Entscheidungsprozesse ist anzunehmen.

## 8.5.5 SZENARIO IV: GÜNSTIGE WIRTSCHAFTSLAGE — PARTIZIPATORISCHE GRUNDHALTUNG

Bei diesem Szenario ergeben sich im Vergleich zu Szenario III infolge der günstigen Wirtschaftslage die Möglichkeiten des Ausbaus bestimmter Anwendungsbereiche der Mikroelektronik. Tendenziell wird hier die *Berufsmobilität* betont, was sich unter Umständen in einer sogar mit Effizienzverlusten erkauften größeren Flexibilität und „Humanisierung" von Arbeitsplätzen ausdrückt. Hier ist auch (sowohl im Hinblick auf berufliche Mobilität wie auf den Bildungshunger) mit einem breiten Einsatz der Mikroelektronik im *Bildungsbereich* zu rechnen. Bei diesem Szenario erhält die Mikroelektronik auch eine große Bedeutung im Bereich des *Verkehrs,* wobei hier die Grenzen zwischen „öffentlich" und „privat" fließend werden. Nicht nur wird die Anwendung des Bordcomputers und elektronischer Leitsysteme den privaten Autoverkehr zu einem „fast-öffentlichen" machen, sondern es werden auch raffiniertere elektronisch gesteuerte Techniken zur optimalen Ausnützung öffentlicher Verkehrsmittel installiert, wie etwa Dial-a-ride-Systeme, oder Formen, die ein Privatfahrzeug in der Innenstadt temporär zu einem öffentlichen Verkehrsmittel machen bzw. das Umsteigen von privaten auf öffentliche Verkehrsmittel an Stadt-Peripherien elektronisch organisieren. Bei diesem Szenario erhält der Elektronikeinsatz im Dienste des *Umweltschutzes* eine größere Bedeutung durch Förderung alternativer Technologien, des Ausbaus des Recycling und von Warnsystemen für Umweltbelastung und zur Kontrolle der Umweltqualität (Smog-Alarm, automatisierte Kontrollen der Wasserqualität etc.).

Natürlich ist auch hier die bloße Akzentverschiebung und die Koexistenz verschiedenartiger Mentalitäten und zugleich verschiedenartiger „Anwendungsphilosophien" der Mikroelektronik am wahrscheinlichsten.


**8.6  Schlußfolgerungen und Empfehlungen**

## 8.6.1 SOZIALE BEDEUTUNG DER MIKROELEKTRONIK

Sozialwissenschaftlich ist die universelle Kompatibilität der Mikroelektronik von entscheidender Bedeutung: Diese an sich produktunspezifische Technologie kann in beinahe jeden Kontext gestellt werden, wobei sich bisher noch — im Gegensatz zu der relativ linearen Entwicklung einer Technologie, wie z. B. der des Automobils — keine Grenzen der Anwendung und damit ebensowenig die unmittelbaren bzw. mittelbaren sozialen Implikationen abschätzen lassen.

Letzteres wird durch den Umstand erschwert, daß sich die Mikroelektronik
vor allem im Konsumbereich derzeit noch durch ein hohes Maß an unreifen
Anwendungen auszeichnet. Sowohl bei vielen Funktionsverbesserungen als
auch bei den meisten neuen Produkten entspricht das Angebot nicht den bestehenden sozialen Bedürfnisstrukturen.

Die wirtschaftliche Abhängigkeit Österreichs von den großen Mikroelektro-
nik-Märkten darf nicht zu der Folgerung führen, daß die dort sich abzeich-
nenden Trends der Produktentwicklung und -vermarktung einfach auf unsere Verhältnisse übertragbar wären. Die Vernachlässigung kulturspezifischer
Besonderheiten würde zu Fehlinvestitionen und Fehlentwicklungen führen,
wie sich bereits jetzt schon aus unserer Untersuchung über Konsumelektro-
nikgeräte ablesen läßt. Weiters führt der Besitz dieser Geräte derzeit eher
dazu, bestehende Gewohnheiten und Lebensstile zu verstärken als drastisch
zu verändern.

Angesichts der eminenten sozialen Implikationen dieser neuen Technologie
muß deren Unbedenklichkeit erst von einem ethischen Standpunkt aus nach-
gewiesen werden.


## 8.6.2  MÄRKTE DER ZUKUNFT UND KONJUNKTURELLE ENTWICKLUNG

Wie die von uns ausgearbeiteten Szenarios zeigen, besteht auch bei schlechter
Konjunkturentwicklung ein zwar eingeschränkter, aber doch strukturell aus-
baufähiger Markt für die Anwendung der Mikroelektronik: Dies gilt im besonderen für Bereiche des Energiesparens (z. B. sensorgesteuerte Minimie-
rung des Energiebedarfs von Heizsystemen), der Optimierung des individuellen und öffentlichen Verkehrs und deren Verknüpfungsformen (z. B. Park-
and-ride-Systeme), des Umweltschutzes (z. B. Recycling, Kontroll- und
Warnsysteme) sowie bei Schutz- und Überwachungssystemen.

Angesichts des auf jeden Fall zu erwartenden Ausbaus der Kommunikations-
und Informationskanäle kommt bei schlechter Konjunkturlage der Möglichkeit einer Dezentralisierung von administrativen Tätigkeiten bis hin zur
Heimarbeit eine große Bedeutung zu, vor allem wegen der damit ermöglich-
ten Entlastung des Verkehrs und der Energieeinsparung. Hingegen könnte
eine Hochkonjunktur mit einer technologischen Euphorie und einer Verlagerung der Produktpalette auf raffiniertere elektronische Geräte verbunden
sein, insbesondere auch im Freizeit- und Unterhaltungsbereich.

### 8.6.3 CHAOTISCHE SYSTEMVIELFALT

In vielen Anwendungsbereichen der Mikroelektronik existieren verschieden-
artige technologische Lösungen, von denen noch nicht feststeht, welche sich
schlußendlich durchsetzen wird, sofern überhaupt eine einheitliche Lösung
gefunden werden wird. Dies gilt für Aufnahme- und Wiedergabetechniken
besonders im Videobereich, bei den Formen der parallelen Programmangebote in der Massenkommunikation, bei den Hi-Fi-Techniken, bei den Informationssystemen (z. B. Bildschirmzeitung, Programmiersprachen etc.), im
Bankwesen und im medizinischen Diagnoseverfahren. Daraus ergibt sich
zweierlei:

a) Gute Marktchancen zeichnen sich für Produktentwicklungen ab, die ein
   leichtes Umsteigen von einem System auf das andere bzw. den Informa-
   tionstransfer von einem System auf das andere ermöglichen. Es geht dabei
   nicht um eine zentralistische Kontrolle der Medieninhalte, sondern um
   eine technologische Vereinfachung; auch bei einer solchen können unterschiedliche, ja einander konkurrenzierende Programmangebote koexistieren.

b) Postverwaltung, ORF, die Zeitungen, aber auch Institutionen des öffentlichen Verkehrs (z. B. ÖBB) sollten in viel stärkerem Maß kooperieren, als
   das jetzt der Fall ist. Diese Organisationen könnten auch auf eine Vereinheitlichung in den oben genannten Bereichen hinwirken; sie könnten zumindest Akzente setzen. Weiters fällt ihnen eine wichtige Funktion in der
   Forcierung oder Zurückdämmung bestimmter technologischer Entwicklungen zu (z. B. die Entwicklung bestimmter Telefonsysteme).


### 8.6.4 VORBEREITUNG DER ENTSCHEIDUNGSTRÄGER

Die Analyse der von uns durchgeführten Experteninterviews zeigt, daß die
für die Einführung von Technologien oder deren Implementierung verant-
wortlichen Entscheidungsträger in der Regel über wenig detaillierte zukunfts-
gerichtete Vorstellungen verfügen, wenig Information sammeln, die über die
eigene Branche hinausgreift, und auch wenig darauf vorbereitet sind, soziale
Zusammenhänge zu erfassen und gegenüber der Technologie (Anwendungs-)
Phantasie zu entwickeln. Entsprechende Seminare, vermittelt durch eine öffentlich zugängliche Institution, könnten hier viel helfen und stimulieren.

Eine auf die europäischen und insbesondere österreichischen kulturellen Ge-
gebenheiten abgestimmte Renaissance futurologischer Techniken, die ge-
samtgesellschaftliche Entwicklungen, wenn auch nicht mit naturwissenschaft-

licher Präzision, darstellen können und damit zumindest die Diskussion verschiedener „Optionen" anregen können, wäre in diesem Zusammenhang von großem Nutzen.


### 8.6.5  BILDUNG

Sowohl in den allgemeinbildenden Schulen wie auch in der Erwachsenenbildung müßten gewisse Grundkenntnisse der Mikroelektronik-Technologie vermittelt werden, um dieser den Nimbus des Geheimnisvollen und Undurchschaubaren zu nehmen. Was den Einsatz der Mikroelektronik als Hilfsmittel des Schulunterrichts anlangt, so sollten diese Möglichkeiten zwar genutzt werden, jedoch in einer pädagogisch verantwortungsbewußten und inhaltlich sinnvollen Art und Weise. Darüber hinaus sollten die Inhalte der naturwissenschaftlichen Fächer in bezug auf Mikroelektronik aktualisiert werden. Hinsichtlich der fachlichen Vorbereitung der Anwendung der Mikroelektronik sind firmenunabhängige Ausbildungsmöglichkeiten mit Einschluß von solidem Grundlagenwissen einzurichten. Individuelle Weiterbildung sollte durch betriebliche bzw. öffentliche Maßnahmen (z. B. Bildungsurlaub) verstärkt gefördert werden.


### 8.6.6  PROFESSIONALISIERUNGSCHANCEN

Aus der sub 8.6.1 erwähnten Unreife der Anwendung wie auch aus der sub 8.6.3 dargestellten chaotischen Systemvielfalt entspringt die Notwendigkeit, daß Konsumentenberatungsinstitutionen, größere Kaufhäuser, Kaufhausketten etc. Berater für die Auswahl und Anwendung mikroelektronisch bestückter Geräte einsetzen, woraus sich eine neue professionelle Entwicklung ergibt.

Deren Überblick und technische Kenntnisse müssen weit über die des heutigen Verkaufspersonals hinausgehen. Diese Berater sollten am ehesten einer nicht-kommerziellen Organisation verantwortlich sein, wie z. B. einer sozialpartnerschaftlich konstituierten Zentralstelle. Es wäre äußerst wichtig, daß diese Berater alle an sie herangetragenen Probleme und Wünsche sammeln, verarbeiten und an eine Informationsstelle (z. B. „Technologie-Agentur") weiterleiten.


### 8.6.7  EMPFEHLUNGEN

1. Einrichtung einer weisungsungebundenen „Technologie-Agentur" für alle Anwender, insbesondere Vermittlung von Informationen über die sub 8.6.2

als besonders konjunkturunabhängig genannten Anwendungsgebiete und die sub 8.6.3 geforderten Entwicklungen.

2. Spezielle, zukunftsorientierte Seminare für Entscheidungsträger (siehe 8.6.4).

3. Ausbau der Kooperation von großen Institutionen und Organisationen, z. B. Post, ORF (siehe 8.6.3).

4. Schulversuche mit dem Ziel, die sinnvolle Anwendung der Mikroelektronik im Unterrricht zu testen (siehe 8.6.5).

5. Aktualisierung der Lehrinhalte aller Bildungsinstitutionen hinsichtlich der Mikroelektronik (siehe 8.6.5).

6. Einführung des sub 8.6.6 genannten Beraterstabes.

7. Verstärkte Durchführung experimenteller Pilot-studies *vor* dem Einsatz von Massentechnologien (z. B. Zweiweg-Verkabelung) im Hinblick auf mögliche Anwendungen und deren soziale Auswirkungen (z. B. auf Dezentralisierung von Entscheidungsprozessen und Möglichkeiten des Einsatzes im politischen Bereich).

8. Empfohlene Forschungsschwerpunkte, für die sowohl staatliche als auch private Förderungsmaßnahmen bzw. Kombinationen aus beiden in Frage kommen:
   a) mit dem Einsatz der Mikroelektronik verbundene ethische Probleme (Kind und Technik, Datenschutz, Ausmaß der Kontrolle über den Menschen etc.);
   b) Zusammenhang zwischen Dezentralisierung der Verwaltungstätigkeiten und dem Verkehrsaufkommen;
   c) Weiterentwicklung futurologischer Techniken zur Darstellung und Analyse gesamtgesellschaftlicher Prozesse;
   d) Auswirkungen kultureller Differenzierungen (unter besonderer Berücksichtigung der kulturellen Eigenart Österreichs) auf die Einstellungen und die soziale Bewältigung der mikroelektronischen Entwicklung;
   e) Untersuchungen möglicher qualitativer Strukturveränderungen der Freizeit durch verstärkten Einsatz der Konsumelektronik im Falle einer quantitativen Verminderung der Arbeitszeit.

# 9. Zusammenfassung und Schlußfolgerungen

### 9.1  Die wirtschaftliche Bedeutung der Mikroelektronik aus internationaler Sicht

Die Mikroelektronik verdankt ihre heutige große Bedeutung für Wirtschaft und Gesellschaft dem nahezu klassischen Zusammenspiel von „Technology push" und „Market-demand"-Faktoren. Als Katalysator der innovativen Synergie von Halbleiterindustrie und Computerindustrie fungierten die Raumfahrtprogramme der Vereinigten Staaten während der sechziger Jahre. Auf der Basis breit angelegter Forschung und Entwicklung in den Labors von Großunternehmen in den USA und Europa dominierten in der Anfangsphase der Entwicklung der Mikroelektronik verhältnismäßig kleine Firmen. Zugleich mit der Reduzierung der Raumfahrtprogramme und damit eines wesentlichen Teiles der großzügigen staatlichen Förderung der mannigfaltigen Lernprozesse im Bereich der neuen Technologie begann auch in der jungen Halbleiterindustrie der Vereinigten Staaten ein rascher Konzentrationsprozeß. Das Vordringen in immer feinere Strukturen (Großintegration), der zunehmende Automatisierungsgrad der Produktion und der explodierende Bedarf an Software machten gemeinsam mit dem Sinken der Preise den kleinen unabhängigen Unternehmen die Finanzierung der notwendigen Weiterentwicklung immer schwieriger. Übernahmen und Fusionen trugen in den letzten Jahren zumindest ebensoviel wie einige spektakuläre Neugründungen zu den Veränderungen in der Firmenlandschaft bei. Heute entfallen ca. zwei Drittel der Produktion von integrierten Schaltungen in der westlichen Welt auf die zehn größten Herstellerunternehmen.

Von der Mikroelektronik gehen wesentliche innovative Impulse für die internationale Elektronik-Geräteproduktion (weltweiter Umsatz 1978 schätzungsweise 3.000 Mrd. S) aus, obwohl sie nur einen geringen Anteil des Gerätewertes (1978 2,3%) ausmacht. Selbst der gesamte Bauelementemarkt erreicht nicht einmal ein Zehntel des Wertes der Geräteproduktion. Das Vordringen der Halbleiterindustrie in die nachgelagerten Bereiche der Systeme und Geräte ist unter diesen Verhältnissen trotz der Erwartung hoher Zuwachsraten im eigenen Bereich naheliegend.

Auf US-amerikanische Mikroelektronikhersteller entfielen 1978/79 ca. 65% der Weltproduktion (ohne RGW-Länder), auf japanische Hersteller ca. 24% und auf westeuropäische Hersteller ca. 10%. An der Vormachtstellung der US-Halbleiterindustrie dürfte in den nächsten Jahren auch die potente japanische und westeuropäische Konkurrenz insgesamt nichts Wesentliches ändern.

In der Mikroelektronik-Anwendungsintensität (Relation des Verbrauchs an integrierten Schaltungen zur Elektronik-Geräteproduktion) führt Japan vor den USA und Westeuropa. Unter den westeuropäischen Staaten rangiert Österreich hinsichtlich der Mikroelektronik-Anwendungsintensität im unteren Mittelfeld.

Bei einer für den Laien verwirrenden Vielfalt von verschiedenen Technologien auf Grundlage der sogenannten „Silizium-Planartechnik" bietet die Halbleiterindustrie dem Gerätehersteller drei Arten von Lösungen auf dem Weg zur Verbesserung bestehender und/oder Entwicklung neuer Produkte an:
— Systeme von Standardschaltungen,
— Kundenspezifische Schaltungen,
— Mikroprozessor- bzw. Mikrocomputersysteme.

Die für das Funktionieren der Mikroelektronik unentbehrlichen Peripheriesysteme (Sensorik, Aktorik, Datenübertragungssysteme und Stromversorgungssysteme) sind wichtige Entwicklungsgebiete für die elektronische Beuelementeindustrie. Hier gibt es möglicherweise einen entscheidenden Vorteil für Hersteller mit einem breiten Produktionsspektrum von Bauelementen; diesen Unternehmenstypus verkörpern insbesondere die großen westeuropäischen und japanischen Bauelementehersteller.


**9.2  Möglichkeiten der Mikroelektronik für die österreichische Wirtschaft**

Österreich hat auf Grund von Produktionsstätten großer internationaler Elektronikkonzerne und namhafter heimischer Elektronikfirmen eine beachtliche Erzeugung von Bauelementen für die Elektronikindustrie. Gemessen an den internationalen Wachstumsaussichten kann jedoch die heimische Bauelementeproduktion nicht als besonders wachstumsträchtig angesehen werden. Der Anteil diskreter Bauelemente herkömmlicher Technologie ist groß, und die Massenfertigung von integrierten Halbleiterschaltungen wurde erst Ende 1980 aufgenommen.

Die österreichische Elektronik-Geräteproduktion ist stark auf die Bereiche Unterhaltungselektronik und Energietechnik ausgerichtet. Die wachstumsträchtigen Sparten Datentechnik und Nachrichtentechnik sind im internationalen Vergleich unterrepräsentiert. Der österreichische Markt für integrierte Schaltungen ist in internationalen Maßstäben gemessen sehr klein, darüber hinaus zersplittert und in wichtigen Bereichen konzernmäßig gebunden. Diese Situation erschwert die intensive Betreuung der kleineren österreichischen Abnehmer. Die Halbleiterhersteller konzentrieren ihre Bemühungen auf wenige große Kunden; die Zusammenarbeit mit der mittelständischen Industrie bleibt in vielen Fällen oberflächlich, und die notwendige intensive Unterstützung kann nicht auf breiter Basis durchgeführt werden.

## 9.3 Ausbildung

Dem von den Geräteherstellern immer wieder beklagten Mangel an entsprechend ausgebildeten Fachleuten kann auf längere Sicht wirksam nur durch die Verbesserung der Aus- und Weiterbildungsmöglichkeiten auf allen Bildungsstufen, von der Lehre bis zur Universität, begegnet werden. Die sinnvolle Nutzung der Möglichkeiten der Mikroelektronik — besser: der modernen Informationstechnologien — setzt Reformen im gesamten Bildungswesen voraus.

Sowohl in den allgemeinbildenden Schulen wie auch in der Erwachsenenbildung müßten gewisse Grundkenntnisse der Mikroelektronik-Technologie vermittelt werden, um dieser den Nimbus des Geheimnisvollen und Undurchschaubaren zu nehmen. Was den Einsatz der Mikroelektronik als Hilfsmittel des Schulunterrichts anlangt, so sollten diese Möglichkeiten zwar genutzt werden, jedoch in einer pädagogisch verantwortungsbewußten und inhaltlich sinnvollen Art und Weise. Darüber hinaus sollten die Inhalte der naturwissenschaftlichen Fächer in bezug auf Mikroelektronik aktualisiert werden.

Auf Firmenebene durchgeführte Untersuchungen der Umschulungsmaßnahmen und Qualifikationsänderungen im Zusammenhang mit der Mikroelektronik liefern Hinweise dafür, daß die Gefahr einer Polarisierung der Berufs- und Aufstiegschancen besteht. Umschulungskandidaten werden häufig durch Tests ausgewählt; den hiebei nichtqualifizierten Mitarbeitern droht die Abkoppelung im Ausbildungs- und Aufstiegsprozeß. Die betrieblichen Ausbildungs- und Umschulungsaktionen sind in der Regel sehr eng und unmittelbar zweckorientiert angelegt. Bei Inanspruchnahme öffentlicher Förderungsmittel sollte daher eine Erweiterung der Bildungsinhalte obligatorisch sein.

Was für den Bereich der Umschulung gilt, trifft erst recht für die Lehrlingsausbildung zu. Im Zuge der Automatisierung kommt es in vielen Bereichen zur Verschmelzung verwandter Berufe. Es ist daher überlegenswert, die Lehrlingsausbildung in Form von „Berufsfeldern" neu zu strukturieren. Da mit der wissenschaftlich-technischen Entwicklung gleichzeitig soziale und ökonomische Probleme verbunden sind, wird es notwendig sein, diese im Bereich der Berufsbildung stärker zu berücksichtigen. Eine solche Ausweitung der gesellschafts- und wirtschaftsbezogenen Bildung hätte sowohl für die Unternehmer wie für die Arbeitnehmer Vorteile. Die Unternehmer hätten es mit einem Personal zu tun, das infolge einer breiteren Ausbildungsgrundlage leichter mit

148

den auf Grund des technologischen Wandels sich immer wieder verändernden Arbeitssituationen zurechtkommen würde. Der Arbeitnehmer sähe sich andererseits eher in der Lage, sich kompetent und kritisch mit seiner Arbeitssituation auseinanderzusetzen und in diesen Zukunftsfragen qualifiziert mitzuentscheiden.


## 9.4 Arbeitsplatz

Die Mikroelektronik erschließt der Automatisierung des Produktions- und Dienstleistungssektors neue Dimensionen und verändert damit Arbeitsorganisation und Arbeitsbelastung. Aus der neuen Technologie entstehen folgende Probleme am Arbeitsplatz:
a) Gesundheitliche Belastung; z. B. Belastung der Augen durch Bildschirmarbeit;
b) Möglichkeiten einer verschärften Effizienzkontrolle des Arbeitsprozesses; z. B. programmierte Bedienerstatistik, Personalinformationssysteme, maschinenlesbare Werksausweise;
c) Gefahr der Entwertung vorhandener Qualifikationen;
d) Organisatorische Umstellungen.

Daraus ergeben sich die von den Interessenvertretern der Arbeitnehmerseite erhobenen Forderungen nach „technologischer Mitbestimmung am Arbeitsplatz". Für diese werden Regelungen auf innerbetrieblicher, kollektivvertraglicher und gesetzlicher Ebene anvisiert, die sich auf die obigen vier Problemstellungen beziehen. Bei innerbetrieblichen Technologievereinbarungen wird nicht nur die Mitwirkung der Arbeitnehmer bei der Ausarbeitung von Umstellungsplänen gefordert, sondern auch die rechtzeitige und vollständige Information über geplante technologische Änderungen, sowie Absicherungen gegenüber Einkommenseinbußen („Lohnsicherung gegen Abgruppierung"). Auf einen breiten Konsens dürfte das Postulat stoßen, daß ins Arbeitnehmerschutzgesetz Bestimmungen für die Arbeit an Bildschirmgeräten, deren technische Ausstattung sowie für die Arbeit an EDV-Anlagen im allgemeinen aufgenommen werden sollten. Die meisten betroffenen Arbeitnehmer und auch viele Betriebsräte besitzen derzeit noch zu wenig fachliche Kompetenz für eine inhaltliche technologische Mitbestimmung. Eine Intensivierung der Schulung der Betriebsräte erscheint notwendig.


## 9.5 Strukturwandel und Arbeitsmarktprobleme

Die Einführung der Mikroelektronik wird zu einem rascheren Strukturwandel führen, der mit verstärkten Anforderungen an Mobilität und Flexibilität

der Arbeitskräfte verbunden ist. Zur Milderung der daraus resultierenden Belastung sind z. B. folgende Maßnahmen denkbar:
— Übertragbarkeit erworbener Abfertigungs- und Urlaubsansprüche auf den neuen Arbeitsplatz in einem anderen Betrieb.
— Gesetzlich vorgeschriebene Übersiedlungshilfen bzw. Fahrtkostenzuschüsse im Kündigungsfall.
Die Realisierungsmöglichkeiten hängen allerdings von der wirtschaftlichen Situation der betroffenen Betriebe und Branchen ab. Mittelfristig lassen sich branchenspezifische Beschäftigungsprobleme durch den Abschluß von Kollektivverträgen verringern, die einen zeitweiligen Kündigungsschutz wie z. B. im Druckereisektor garantieren.

Der methodische Ansatz der Studie (Verbindung von Firmenbefragungen mit einem makroökonomischen Modellsystem) erlaubt es, einen wesentlichen Teil der sozio-ökonomischen Auswirkungen der Mikroelektronik in Österreich bis etwa 1985 abzuschätzen. Über diesen Zeithorizont hinausgehende Projektionen bzw. Simulationen durch das Modellsystem basieren nicht mehr auf direkt empirisch erhobenen Mikrodaten (Unternehmen planen quantitativ auch selten für mehr als fünf Jahre voraus). Sie sind dennoch nützlich, da sie erste Aufschlüsse über die Größenordnung der längerfristig möglichen Arbeitsmarkteffekte liefern. Eine Verbreitung der Anwendung der Mikroelektronik entsprechend den empirisch erhobenen und hochgeschätzten Zielvorstellungen der Unternehmen ergibt nach den Modellrechnungen einen produktivitätssteigernden Effekt (reales Brutto-Inlandsprodukt je Beschäftigten) von ca. 0,5% pro Jahr. Die an sich wünschenswerten produktivitätssteigernden Wirkungen der Mikroelektronik werden angesichts steigender Arbeitslosigkeit und verschärfter internationaler Konkurrenz kritisch beurteilt. Allerdings sind in Österreich auch die Tendenzen zur Verschlechterung der Leistungsbilanz und zur Verringerung des Beschäftigungsvolumens, die aus der geplanten Anwendung der Mikroelektronik resultieren könnten, nicht zu übersehen. Insbesondere bei einer generellen Verschlechterung des Wirtschaftsklimas besteht die Gefahr, daß die Unternehmen in erster Linie die Rationalisierungsmöglichkeiten und nicht das expansive Potential der Mikroelektronik auszuschöpfen versuchen.

Den daraus resultierenden negativen Beschäftigungswirkungen könnte einerseits durch ein verstärktes öffentliches Engagement im tertiären Sektor und andererseits — wie es Arbeitnehmervertreter ventilieren — durch Maßnahmen zur Reduzierung des Arbeitsvolumens entgegengewirkt werden. Diese würden auf eine Verkürzung der Lebensarbeitszeit, der Jahresarbeitszeit, der gesetzlichen wöchentlichen Arbeitszeit sowie auf eine Reduktion der Arbeitsintensität hinauslaufen. Dabei stellt sich natürlich immer die Frage, wieweit die Wirtschaft bzw. einzelne Wirtschaftszweige die daraus sich ergebende Verschärfung der Produktionsbedingungen verkraften können.

Die staatliche Einflußnahme im Sinne einer langfristigen und koordinierten Arbeitsmarktpolitik läßt sich aus der grundsätzlichen Gleichrangigkeit von ökonomischen und sozialen Zielen ableiten. Unter den gegebenen Voraussetzungen hat die Wirtschaftspolitik nicht nur die Gefahren aus der Arbeitskräftefreisetzung durch den Einsatz der Mikroelektronik zu berücksichtigen, sondern auch die Verluste an Wettbewerbsfähigkeit durch einen verzögerten Einsatz bzw. durch Nichtanwendung der Mikroelektronik.

## 9.6 Innovationspolitische Aspekte

Auf Grund des weiten Anwendungsgebietes kommt der Mikroelektronik auch eine Schlüsselposition in der Forschungs- und Technologiepolitik Österreichs zu. Obwohl für Österreich der Schwerpunkt der Mikroelektronik sicher bei der Anwendung und nicht bei der Herstellung von integrierten Halbleiterschaltungen liegt, ist ein ausreichender Zugang zum Know-How der industriellen Herstellungsprozesse, Design- und Prüfmethoden wichtig. Im Rahmen der österreichischen Universitätsausbildung kommt der Beherrschung der industriellen „Mikro-Technik" im allgemeinen besondere Bedeutung für die Bewältigung der weiteren Technologieentwicklung zu. Für Österreich lohnende Forschungsschwerpunkte zeichnen sich in erster Linie in den zur eigentlichen Halbleiterschaltung komplementären Bereichen der Sensorik und Aktorik ab. Insbesondere scheint die wissenschaftliche Fundierung des Zusammenwirkens von Mikroelektronik und feinmechanischen aktorischen Systemen (z. B. Industrieroboter etc.) auch von erheblicher wirtschaftlicher Tragweite zu sein.

Aus wirtschaftspolitischer Sicht geht es vor allem um die Verbesserung der Information und der Anwendungsunterstützung der klein- und mittelständischen Unternehmen. Die Errichtung einer „Beratungs- und Informationsstelle für Mikroelektronik-Anwendung", die potentielle Anwender bei der Problemanalyse sachkundig unterstützen und bei der Auswahl der Partner zur Problemlösung objektiv informieren kann, erscheint als wichtige innovationspolitische Maßnahme.

Die Maßnahmen der verstaatlichten Industrie sollten sowohl auf die Beschaffung fehlenden Mikroelektronik-Know-Hows als auch auf die Kooperation mit kleinen österreichischen Partnern ausgerichtet werden.

Angesichts der chaotischen Systemvielfalt in manchen Anwendungsbereichen der Mikroelektronik erscheint der Ausbau der Kooperation von großen Institutionen und Organisationen, z. B. Postverwaltung, ÖBB und ORF, dringend notwendig. Diese Organisationen könnten auch auf eine Vereinheitlichung und technologische Vereinfachung hinarbeiten.

Auf jeden Fall ist eine Verstärkung der anwendungsorientierten Technologieberatung unter Heranziehung der universitären und außeruniversitären Forschungs- und Entwicklungskapazitäten notwendig und daher anzustreben.

### 9.7  Auswirkungen im Bereich von Konsum und Freizeit

Die Untersuchungen im Bereich des Konsumentenverhaltens zeigten bisher wenig „innovatorisches" Benützungspotential bei vielen der derzeit angebotenen Geräte. Ursachen sind dafür sowohl beschränkt brauchbare Produkte als auch das mangelnde Wissen der Benützer und des Verkaufspersonals. Über die sozialen Auswirkungen können derzeit noch wenig Schlüsse gezogen werden. Aus diesen Gründen erscheint es auch notwendig, experimentelle Pilot-Studien vor dem Einsatz von Massentechnologien (z. B. die Zweiweg-Verkabelung) im Hinblick auf mögliche Anwendungen und deren soziale Auswirkungen (z. B. auf Dezentralisierung von Entscheidungsprozessen und Möglichkeiten des Einsatzes im politischen Bereich) durchzuführen.

Einige ethische Probleme stellen sich mit dem Aufkommen der Mikroelektronik: Die Möglichkeit, das Verhalten der Menschen zu kontrollieren, nimmt durch Überwachungssysteme, die Speicherung immer größerer Datenmengen, durch intelligente Telefon- und Zweiweg-Verkabelungs-Systeme etc. zu. Ferner ist die zunehmende Abhängigkeit der Menschen von weitverzweigten Meß- und Steuerungssystemen zu beachten, bei denen Störungen unter Umständen zu katastrophalen Konsequenzen führen können. Schließlich sei noch darauf hingewiesen, daß wir noch viel zuwenig darüber wissen, wie sich die Wahrnehmungsweise und die Fähigkeiten des Menschen gegenüber jenen aus älteren Zivilisationsformen ändern, wenn er als Kind in der Umgebung und mit der Handhabung intelligenter technischer Systeme aufwächst, mit elektronisch bestücktem Spielzeug spielt und einen Teil seiner Welterfahrung über die Wahrnehmung an Bildschirmen macht. Diesen ethischen und anthropologischen Problemen ist in der Forschung ausreichend Beachtung zu schenken. Man sollte schließlich auch nicht in den Irrtum verfallen, die Veränderungen des Alltagslebens, wie man sie in den technologisch fortgeschrittensten Ländern (USA, Japan) vorfindet, nun einfach auch für Österreich zu prognostizieren. Die Erfahrungen der letzten Jahre zeigen, daß die Akzeptanz für technische Neuerungen doch in stärkerem Maße von der kulturellen Prägung eines Landes abhängt, als das noch vor 10 oder 20 Jahren angenommen wurde. Auch dieser Gesichtspunkt sollte in der Forschungs-, Beratungs- und Innovationspolitik beachtet werden.

# Anhang 1

## Elektronik-Geräteproduktion

*Datentechnik:*

Geräte und Einrichtungen für die automatische Datenverarbeitung
Elektroschreibmaschinen
Rechenmaschinen
Abrechnungsmaschinen, Registrierkassen
Vervielfältigungsmaschinen, Adressiermaschinen
Sonstige Büromaschinen
Kopiermaschinen

*Nachrichtentechnik:*

Drahtnachrichten
Funknachrichten
Zeitdienstgeräte
Signal- und Sicherheitsgeräte
Ausrüstung für Luft- und Raumfahrzeuge

*Meß-, Steuer- und Regeltechnik:*

Meßgeräte
Prüfgeräte
Regel- und Steuerungseinrichtungen
Elektromedizin
Feinwaagen, Feinmeßinstrumente
Elektromechanische Waagen

*Energietechnik:*

Stromrichter
Elektroschweißgeräte
Elektrochemische und physikalische Geräte
Elektrische Industrieöfen
Elektromagnetische Geräte

*Unterhaltungselektronik:*

Rundfunk- und Fernsehempfangsgeräte
Phonotechnische Geräte

*Autoelektronik:*

Elektrische Betriebsausrüstung für Kraftfahrzeuge

*Haushaltselektronik:*

Elektrowerkzeuge bis 2 kW
Elektrowärmegeräte
Elektromotorische Wirtschaftsgeräte
Elektrische Kühlmöbel
Elektrische Waschmaschinen

*Freizeitelektronik:*

Elektrische Kleinuhren
Elektrische Großuhren
Technische Uhren
Elektrische Uhrwerke
Fotogeräte
Filmkameras und Projektionsgeräte
Elektrische Musikinstrumente
Elektrische Spielwaren
Spielautomaten

# Anhang 2

## 1. Die Gleichungen des Nachfragemodells

$$EUNZ = EUN / ZU$$
$$TRJ = (0{,}68101 + 0{,}0084095\ t)\ EUNZ$$
$$(t) = 63{,}267 \qquad 5{,}033$$
$$R^2 = 0{,}64404 \qquad DW = 0{,}436$$

$$TR = TRJ \cdot J$$
$$CG = (0{,}18067 + 0{,}0024840\ t - 0{,}019010)\ y$$
$$(t) = 126{,}812 \qquad -8{,}717 \qquad -6{,}708$$
$$R^2 = 0{,}85435 \qquad DW = 1{,}136$$

$$TP = (0{,}061631 - 0{,}018397\ d^{72})\ Y$$
$$(t) = -6{,}504 \qquad 24{,}354$$
$$R^2 = 0{,}99212 \qquad DW = 0{,}670$$

$$X = Y / (1 + 1{,}89867\ exp\,(-0{,}0528873\ t))$$
$$M = Y / (1 + 1{,}81672\ exp\,(-0{,}0523952\ t))$$
$$L = ZU \cdot HU + ZS \cdot HS$$
$$ESBH = -24{,}356 + 0{,}90148\ Y / L + 7{,}7465\ d^{75}$$
$$(t) = -0{,}181 \qquad 3{,}520 \qquad 1{,}304$$
$$R^2 = 0{,}72207 \qquad DW = 1{,}468$$

$$ESB = ESBH \cdot HS \cdot ZS$$
$$AS = (0{,}38399 + 0{,}014602\ t)\ ESB$$
$$(t) = 33{,}994 \qquad 8{,}328$$
$$R^2 = 0{,}83204 \qquad DW = 1{,}284$$

$$ESN = ESB - AS$$
$$EUBH = 7{,}5807 + 0{,}62199\ Y / L - 7{,}5896\ d^{75}$$
$$(t) = -0{,}976 \qquad 21{,}939 \qquad -2{,}965$$
$$R^2 = 0{,}99585 \qquad DW = 2{,}225$$

$$EUB = EUBH \cdot HU \cdot ZU$$
$$AU = (0{,}33113 + 0{,}0050066\ t)\ EUB$$
$$(t) = 95{,}401 \qquad 9{,}292$$
$$R^2 = 0{,}86049 \qquad DW = 1{,}061$$

$$EUN = EUB - AU$$
$$YD = EUB + ESB + TR + TP$$
$$CP = -8{,}6740 + 0{,}93325\ YD$$
$$(t) = -1{,}399 \qquad 57{,}770$$
$$R^2 = 0{,}99582 \qquad DW = 1{,}436$$

$$Y = CP + CG + X - M + I$$

$$(t) = t \ldots \text{Test für Parameter,}$$
$$R^2 \ldots \text{Multipler Korrelationskreffizient}$$

$DW$    ...Durbin-Watson-Statistik

$t$    = Jahr — 1976 (für 1976: $t = 0$),

$d^{75}$    = 0 für 1975 ($t = -1$) und später,

   = 1 sonst.

$d^{72}$    = 0 für 1972 ($t = -4$) und später,

   = 1 sonst.


## 2. Variablenliste

| | |
|---|---|
| $AS$ | Abzüge der Selbständigen, |
| $AU$ | Abzüge der Unselbständigen, |
| $CG$ | Öffentlicher Konsum, |
| $CP$ | Privater Konsum, |
| $ESB$ | Sonstige Einkommen aus Besitz und Unternehmung *brutto*, |
| $ESBH$ | Sonstige Einkommen aus Besitz und Unternehmung *brutto*, je Arbeitsstunde, |
| $ESN$ | Sonstige Einkommen aus Besitz und Unternehmung *netto*, |
| $EUB$ | Lohneinkommen *brutto* (einschl. Arbeitgeberbeiträge), |
| $EUBH$ | Lohneinkommen *brutto* (je Arbeitsstunde), |
| $EUN$ | Lohneinkommen *netto*, |
| $EUNZ$ | Lohneinkommen *netto* pro Kopf, |
| $HS$ | Geleistete Arbeitsstunden Selbständige pro Kopf, |
| $HU$ | Geleistete Arbeitsstunden Unselbständige pro Kopf, |
| $I$ | Investitionen, |
| $J$ | Zahl der Pensionisten, |
| $L$ | Geleistete Arbeitsstunden insgesamt, |
| $M$ | Importe i. w. S., |
| $TP$ | Sonstige Transfers an Private, |
| $TR$ | Pensionen, |
| $TRJ$ | Pensionen pro Kopf, |
| $X$ | Exporte i. w. S., |
| $Y$ | Brutto-Inlandsprodukt, |
| $YD$ | Disponibles Einkommen, |
| $Z$ | Beschäftigte (ohne Arbeitslose), |
| $ZS$ | Zahl der Selbständigen, |
| $ZU$ | Zahl der Unselbständigen. |


## 3. Zur Datenbasis

Die Mehrzahl der Variablen, die den Schätzungen von Modell I zugrunde liegen, stammen aus der Volkswirtschaftlichen Gesamtrechnung.

Dazu ist lediglich anzumerken, daß die Höhe der Nettopensionen aus dem Netto-Masseneinkommen (siehe statistische Übersichten) abzüglich der Sonstigen Transfers an private Haushalte und abzüglich der mit 12 multiplizierten Monatslohneinkommen netto bestimmt wird. Die Gesamtzahl der aufgewendeten Arbeitsstunden ($HU$, $HS$) wird aus der durchschnittlichen Wochenarbeitszeit, multipliziert mit 52 und der Zahl der Unselbständigen beziehungsweise Selbständigen berechnet.

Den Daten liegen die Wochenarbeitszeiten laut Mikrozensus zugrunde. Die entsprechenden Gleichungen wurden lediglich mit Daten ab 1969 geschätzt.

Die Zahl der Pensionsisten bezieht sich auf die gesamte Zahl von Personen, die das gesetzliche Pensionsalter überschritten haben. Als Grundlage dient eine Fortschreibung der Volkszählung 1971.

Dummy-Variable werden zur Erklärung von Sprüngen in den Zeitreihen eingesetzt. Eine Dummy-Variable beschreibt einen Knick in der Entwicklung der Sonstigen Transfers an private Haushalte im Jahr 1972: Umstellung der steuerlichen Kinderabsetzbeträge auf Direktzahlungen der Familienbeihilfe. Die Dummy-Variablen für die Besitz- und Lohneinkommen beschreiben einen Knick, der durch Änderung der Erhebungsmethode bedingt sein dürfte.

# Anhang 3

**Auswahl gemeinnütziger österreichischer Forschungsinstitute im Bereich der Mikroelektronik**

## 1. INSTITUT FÜR ALLGEMEINE ELEKTROTECHNIK UND ELEKTRONIK

*Rechtsträger:* Technische Universität Wien
*Adresse:* 1040 Wien, Gußhausstraße 27—29
*Telefon:* 65 37 85
*Vorstand:* o. Prof. Dr. Fritz PASCHKE

**Angaben zur F&E-Infrastruktur**

Das Institut besteht aus Abteilungen für Allgemeine Elektrotechnik, für Angewandte Elektronik, für Biomedizinische Technik, für Industrielle Elektronik, für Leistungselektronik, für Mikroelektronik (Dünnschichttechnologie), für Mikroelektronik (Halbleitertechnologie), für Physikalische Elektronik und für Quantenelektronik und Lasertechnik sowie aus den Arbeitsgruppen Elektronenstrahltechnik (numerische Steuerungen) und Ultraschall.

Das Institut ist gerätemäßig gut ausgestattet: Den beiden Mikroelektronikabteilungen steht beispielsweise neben einem grafischen Entwurfssystem ein eigener Reinraum zur Verfügung bzw. die für die labormäßige Herstellung von IC-Prototypen erforderlichen Geräte (Maskenjustiergerät, Aufdampfanlage, Diffusionsanlage usw.).

*Einschlägige F&E-Arbeiten:* Einsatz von CAD/CAM-Systemen für die Entwicklung von Mikroelektronikschaltungen; Mikroprozessorapplikationen, insbesondere spezielle Sensoren und Aktoren; Datenfernverarbeitung; numerische Steuerungen für spezielle Fertigungsprozesse; industrielle Mustererkennung (selbsttätige Erfassung von Werkstückkonturen, z. B. Schweißfugen, mit elektro-optischen Sensoren); problemspezifische Signalverarbeitung mit neuen elektronischen Bauelementen; Entwicklung abhörsicherer Übertragungssysteme; Entwicklung von Hörhilfen für Taube; Präzessionsspannungsteiler in Dünnschichttechnik; Charakterisierung von Halbleiter-Verstärkermaterialien; Substrate für die Hybridtechnologie; Schaltkreise in Hybridtechnologie; Simulation von Thyristoren; Simulation von Leistungs-MOSFET; optoelektronische Schalter im Picosekundenbereich.

**Beispiele von Kooperationen mit österreichischen Betrieben**

— Elektronische Vorschaltgeräte für Gasentladungslampe

— Elektronischer Regler für Dieseleinspritzpumpen

158

— Numerische Steuerung für Papierwickelautomatik

— Telegrafieadapter mit automatischer Anpassung an veränderliche Baudraten

— Controller und File-Handler für DCR-Kassettenrecorder und Mikrocomputer

— Mehrfachsensor in Dünnschichttechnik


## 2. INSTITUT FÜR DATENVERARBEITUNG

*Rechtsträger:* Technische Universität Wien
*Adresse:* 1040 Wien, Gußhausstraße 27—29
*Telefon:* 65 76 41, 65 37 85
*Vorstand:* o. Prof. Dipl.-Ing. Dr. Richard EIER

### Angaben zur F&E-Infrastruktur

An wissenschaftlichen Mitarbeitern verfügt das Institut derzeit über einen wissenschaftlichen Beamten, zweieinhalb Universitätsassistenten und zweieinhalb Vertragsassistenten.

An Großgeräten stehen ein Minicomputer, diverse Mikrocomputerentwicklungs- und Kleincomputersysteme sowie Geräte der grafischen Datenverarbeitung zur Verfügung.

Der Schwerpunkt der Institutsarbeiten liegt auf dem Gebiet der Computerwissenschaften und der digitalen Elektronik sowie der digitalen Nachrichtenübertragung.

### Beispiele von Kooperationen mit österreichischen Betrieben

An Forschungsdienstleistungen können Grundlagenforschungen durchgeführt werden. Auf dem Gebiet der angewandten Forschung werden hauptsächlich Mikrocomputerapplikationen sowohl software- als auch hardwaremäßig entwickelt.

Sonstige Dienstleistungen können durch Gutachter- und Beratungstätigkeit sowie durch die Betreuung von wissenschaftlichen Arbeiten (Diplomarbeiten, Dissertationen) zu Themen der Industrie erbracht werden[1]).

[1]) Die einschlägige Gutachter- und Beratungstätigkeit sowie die Betreuung von Diplomarbeiten und Dissertationen zu Themen der Industrie zählen zum routinemäßigen, wissenschaftlichen Dienstleistungsangebot aller anderen Universitätsinstitute in dieser Zusammenstellung, auch wenn ein expliziter Hinweis darauf an der entsprechenden Stelle fehlen sollte (Anmerkung der Redaktion).

Aus dem Personalstand des Institutes sind in jüngster Zeit zwei Firmen gegründet worden, die sich besonders mit Mikrocomputeranwendungen befassen.


## 3. INSTITUT FÜR ELEKTRISCHE MESSTECHNIK

*Rechtsträger:* Technische Universität Wien
*Adresse:*        1040 Wien, Gußhausstraße 25
*Telefon:*        65 37 85/356 oder 357 (DW)
*Vorstand:*       o. Prof. Dr. Rupert PATZELT


**Angaben zur F&E-Infrastruktur**

Das Institut besteht zur Zeit aus zwei Abteilungen (Meßschaltungen, Meßsysteme). Die Arbeitsgebiete des Institutes umfassen Elektronik, Elektrotechnik und Computerwissenschaften. An Geräten stehen zwei Rechnersysteme PDP 11/10 (samt CAMAC-System mit diversen Meßmodulen) zur Verfügung, weiters zwei Oszilloskope mit diversen Meßeinschüben, ein programmierbarer Kalibrator für Ströme und Spannungen, eine Prüfanlage für Netzspannungs-Meßvorrichtungen und eine Präzisionsfotoeinrichtung zur Herstellung von Printplatten-Filmen.

*Einschlägige F&E-Projekte:* Rechnergesteuerte Meßtechnik; Meßgeräte mit digitaler, prozessorgesteuerter Signalaufnahme und -auswertung, z. B. Histogramm-Recorder; Multi-Mikrocomputersystem für industrielle Steuerungen; typenunabhängige Entwicklungshilfen und Prüfvorrichtungen für Mikroprozessorsysteme; statistische Meßwertaufnahme und Auswertung; Netzstörungsüberwachung. Daneben werden auch Kurse über Mikroprozessor-Grundlagen und -Anwendung, über Software-Entwicklung für Mikroprozessor-Anwendungen und über Interface-Entwicklung abgehalten.


**Beispiele von Kooperationen mit österreichischen Betrieben**

— Mikroprozessor-gesteuerte und digitale Meß- und Steuerungstechnik, z. B. Interface für Radaranlage, Digital-elektronische XY-Schreiber-Steuerung

— Vorrichtung zur Betriebsüberwachung von mikroprozessor-gesteuerten Anlagen

— Abrechnungsautomat für zentrale bürotechnische Anlagen mit Selbstbedienung

# 4. INSTITUT FÜR FEINWERKTECHNIK

*Rechtsträger:* Technische Universität Wien
*Adresse:*      1040 Wien, Karlsplatz 13
*Telefon:*      65 37 85/242 (DW)
*Vorstand:*     o. Prof. Dr. Helmut DETTER

**Angaben zur F&E-Infrastruktur**

Das Institut besteht aus der Abteilung für Tribologie und drei Arbeitsgruppen (Elektromechanischer Gerätebau, Produkttechnologie, Alternative Energiesysteme). F&E-Schwerpunkte des Instituts sind elektromechanischer Gerätebau, Feinwerktechnik und Konstruktionssystematik.

*Einschlägige F&E-Projekte:* Entwicklung von speziellen Sensoren, Grundsatzstudie über Entwicklungsmöglichkeiten im Sektor der Industrieroboter; Bau von elektromechanischen Geräten in den Bereichen Medizintechnik, Fertigungsüberwachung und -kontrolle, Versuchs- und Prüftechnik. Arbeitsschwerpunkt der angewandten Forschung ist die Applikation von Elektronik im Bereich der mechanischen Feinwerkstechnik und des Maschinenbaus.

Im Rahmen einer Pflichtlehrveranstaltung werden Funktionsmodelle im Bereich der Elektromechanik entwickelt, die vom Schaltungsentwurf bis zum Bau eines Funktionsmusters reichen.

**Beispiele von Kooperationen mit österreichischen Betrieben**

— Entwicklung von tribologischen Prüfsystemen für die Normung

— Entwicklung von Ölleckagefühlern

— Entwicklung von Sensoren für die Wegmessung

— Entwicklung von automatischen Prüfsystemen für die Qualitätskontrolle von Produkten

— Entwicklung von freiprogrammierbaren Schweißautomaten

— Entwicklung von Steuer- und Regelsystemen im Bereich der Alternativenergie

# 5. ELEKTROTECHNISCHES INSTITUT

*Rechtsträger:* Bundesversuchs- und Forschungsanstalt Arsenal
*Adresse:*      1030 Wien, Franz-Grill-Straße 3
*Telefon:*      78 25 31, 78 21 80
*Leiter:*       HR Dipl.-Ing. Erich BÖHM

**Angaben zur F&E-Infrastruktur**

Das Institut besteht aus den Abteilungen: Elektrische Maschinen und Anlagen; Elektrotechnische Sicherheit; Schaltleistung und Hochstrom; Elektrische Meßtechnik; Hochspannung; Elektrotechnische Werkstoffe; Datenübertragung und Eisenbahnelektronik; Allgemeine Elektronik.

An Großgeräten stehen dem Institut zur Verfügung: Datenübertragungsmeßplatz für Modems, Prozeßrechenanlage PDP 8, Mikroprozessorentwicklungssystem Exerciser mit Peripherie, Intelligentes Terminal zum Bundesrechenamt und Feldsimulationsraum für Forschungsarbeiten auf den Gebieten Elektrobiologie und Elektromagnetische Verträglichkeit.

Am Institut werden insbesondere die wissenschaftlichen Disziplinen Elektrotechnik (Energietechnik), Datenübertragung und Eisenbahnelektronik sowie die einschlägigen Arbeitsgebiete der Allgemeinen Elektronik (z. B. Prüfung von Bauteilen, Geräten und Systemen betreffend Qualität und Zuverlässigkeit, Untersuchung der elektromagnetischen Umwelt, biologisch-medizinische Technik, EDV und Prozeßautomatisierung sowie Mikroelektroniksysteme) bearbeitet.

Ein charakteristisches Grundlagenforschungsprojekt ist z. B. das zur Zeit in Bearbeitung befindliche Vorhaben „Einfluß der elektromagnetischen Umwelt auf die Verkehrssicherheit". Die Hauptaktivität der Elektronikabteilungen des Instituts betrifft Projekte mit möglicher wirtschaftlicher Verwertung, zu denen neben einschlägigen Vorhaben der angewandten Forschung vor allem das Prüf- und Begutachtungswesen im Fachgebiet Elektronik zählt, sowie die Prototypen- und Nullserienfertigung von elektronischen Geräten im allgemeinen (im speziellen von Mikroprozessorsystemen) und einschlägige Aufgaben der Dokumentation und Information.


**Beispiele von Kooperationen mit österreichischen Betrieben**

— Entwicklung von hochzuverlässigen Befehlsausgabemodulen im Auftrag eines Elektrizitätsversorgungsunternehmens

— Untersuchungen für eine wirtschaftlich und technisch verbesserte Erweiterung des bundesbahneigenen Telefonnetzes (Projekt „Hermes")

— Entwicklung und Anfertigung eines Mikroprozessorsystems für die Ergospirometrie und den Alveodiffusionstest (in Zusammenarbeit mit dem Lungenfunktionslabor der II. Medizinischen Universitätsklinik der Universität Wien)

# 6. INSTITUT FÜR ELEKTRONIK

*Rechtsträger:* Österreichisches Forschungszentrum Seibersdorfges. m. b. H.
*Adresse:*     1082 Wien, Lenaugasse 10
*Telefon:*     42 75 11
*Leiter:*      Dipl.-Ing. Dr. Wolfgang ATTWENGER

## Angaben zur F&E-Infrastruktur

Im Rahmen des neuen Unternehmensprogramms kooperiert das Institut aufs engste mit dem Institut für Physik und der Hauptabteilung für Mathematik. Die Wissenschaftsdisziplinen reichen dementsprechend von der Elektronik und Elektrotechnik über die Festkörperphysik bis zu den Computerwissenschaften und der Akustik (Schallemission). Dem entsprechenden interdisziplinären Forschungsbereich stehen an Geräten ein Großrechner Siemens 4004, zwei PDP-Rechner 11/40 und 11/45, Entwicklungssysteme, Logikanalysatoren, ein Kalibrator und ein Rasterelektronenmikroskop, oberflächenanalytische Geräte und Geräte für die Ionenimplantation zur Verfügung.

*Einschlägige F&E-Projekte:* CAMAC-Entwicklung; Echtzeitsysteme und Compiler; Grafik; Softwaretechnologie; Standardisierung von Bussystemen; Standardisierung von Grafiksystemen; Rechnerunterstütztes Layout von Printplatten; Entwicklung von Meßverfahren und Systemsoftware; Schaltungsentwicklung; physikalische Meßtechnik; Prozeßsteuerung; Sensoren, insbesondere Analogelektronik und anwendungsorientierte Softwareentwicklung.

Daneben ist das Institut zusammen mit anderen Instituten des ÖFZ Seibersdorf auch im Bereich der Prototypen- und Nullserienfertigung tätig.

## Beispiele von Kooperationen mit österreichischen Betrieben

— Integriertes Fernschreib- und Datenübertragungsnetz

— Automatisches Fernschreibvermittlungssystem

— Lizenzvergabe für CAMAC-Geräte

— Schallemissionsmeßanlage für sicherheitstechnische Überwachung in Bergwerken

— Funkalarmsystemzentrale für die freiwilligen Feuerwehren Oberösterreichs

— Systemsoftware für Testsystem

— Datenerfassung einer Brammenstraße

— Mikroprozessorsteuerung für Desinfektionsanlagen

# 7. INSTITUT FÜR ELEKTRONIK

*Rechtsträger:* Technische Universität Graz
*Adresse:*      8010 Graz, Inffeldgasse 12
*Telefon:*      (0 31 6) 77 5 11/74 20
*Vorstand:*     o. Prof. Dipl.-Ing. Dr. Wilfried FRITZSCHE

**Angaben zur F&E-Infrastruktur**

Zu den Wissenschaftsdisziplinen des Instituts zählt die industrielle Elektronik sowie die Anwendung der Elektronik vorzugsweise für Messungen an Schnee und Lawinen sowie Spezialfernsehen.

*Einschlägige F&E-Projekte:* Grundlagenforschung für Schnee und Lawinen; Spezialfernsehen (z. B. Messungen im Fernsehbild für Medizin oder Robotersteuerung und die dazugehörigen digitalen Steuerungen); optische Sensoren; Längenmeßsysteme (Kettencode-Kombination); fallweise Auftragsforschung und Auftragsentwicklung.

Das Institut arbeitet auf seinen Gebieten mit einschlägigen in- und ausländischen Instituten zusammen und hat eine große Anzahl wissenschaftlicher Veröffentlichungen, Vorträge und Patentanmeldungen zu verzeichnen.

**Beispiele von Kooperationen mit österreichischen Betrieben**

— Ultraschallmessungen für Drahtziehen

— Entwicklung eines Kugelmeßgerätes für 300 MW Kugelhaufenreaktor

— Entwicklung eines Sender-Empfänger-Systems zur Lawinenrettung

— Entwicklung einer an Videokamera ansteckbaren Stoppuhr mit Zeiteinblendung

# 8. INSTITUT FÜR GRUNDLAGEN DER ELEKTROTECHNIK UND THEORETISCHE ELEKTROTECHNIK

*Rechtsträger:* Technische Universität Graz
*Adresse:*      8010 Graz, Kopernikusgasse 24
*Telefon:*      (0 31 6) 77 5 11/72 51 (DW)
*Vorstand:*     o. Prof. Dr. Kurt R. RICHTER

**Angaben zur F&E-Infrastruktur**

Die Wissenschaftsdisziplinen des Instituts umfassen Elektronik und Elektrotechnik, Computerwissenschaften und Mikrowellenfernerkundung. Das Institut ist nicht in Abteilungen gegliedert, sondern nach Forschungsgebieten in Arbeitsgruppen, die sich zum Teil überlappen. An wissenschaftlichen Geräten stehen 2 Terminals zur Großrechenanlage UNIVAC 1100 des RZ Graz zur Verfügung sowie ein grafisches System Tektronix mit Peripherien.

*Einschlägige F&E-Projekte:* Softwareentwicklung zur Berechnung elektrischer und magnetischer Felder; theoretische und experimentelle Untersuchungen von Mikrowellenstreuung an Partikeln; Untersuchung von Radarsignaturen von Bodenoberflächen; Entwicklung von Mikroprozessorsteuerungen zur Vorverarbeitung von Radardaten; Mikrowellenfernerkundung; Entwicklung eines Seitensichtradargerätes für Bodenaufnahmen von fliegenden Plattformen.

**Beispiele von Kooperationen mit österreichischen Betrieben**

— Anwendungsstudie für Bildverarbeitung auf Multiprozessorsystemen

— Softwareentwicklung zur Berechnung von Sonnenkollektoren

— Berechnung magnetischer Felder und Wirbelströme in Maschinen, Transformatoren und Drosseln


## 9. INSTITUT FÜR INFORMATIONSVERARBEITUNG

*Rechtsträger:* Technische Universität Graz
*Adresse:*       8010 Graz, Steyrergasse 17
*Telefon:*       (0 31 6) 77 5 11/73 10 (DW)
*Vorstand:*      o. Prof. Dr. Hermann MAURER

**Angaben zur F&E-Infrastruktur**

Die Wissenschaftsdisziplinen des Instituts umfassen die Elektronik und die Computerwissenschaften bzw. deren Grenzbereiche. An Großgeräten steht die Rechenanlage UNIVAC 1100 des Forschungszentrums Graz zur Verfügung.

*Einschlägige F&E-Projekte:* Mikroprozessorgestützte Datenfernübertragung; Entwicklung intelligenter Bildschirmtextdecoder; Konstruktion von Schaltungen und Platinen; Terminalentwicklung und Entwicklung von mikroprozessorgestützten Übertragungseinrichtungen und Prüfvorrichtungen.

**Beispiele von Kooperationen mit österreichischen Betrieben**

Einschlägige Zusammenarbeit mit der VOEST-Alpine AG, mit Motronic, mit der Österreichischen Post- und Telegrafenverwaltung, dem Forschungszentrum Graz und dem Österreichischen Forschungszentrum Seibersdorf.

# 10. LABORATORIUM FÜR SENSORIK

*Rechtsträger:* Forschungszentrum Graz
*Adresse:*      8010 Graz, Heinrichstraße 28
*Telefon:*      (0 31 6) 36 3 71
*Leiter:*      a. o. Prof. Dr. Hans LEOPOLD

**Angaben zur F&E-Infrastruktur**

Die Wissenschaftsdisziplinen des Laboratoriums umfassen Elektronik, Flüssigkeiten und Gase. Schwerpunkte der anwendungsorientierten F&E-Tätigkeit sind die Schaltungsentwicklung, die Geräteentwicklung und die Bauelementeentwicklung (Sensoren) sowie die Prototypenfertigung.

**Beispiele von Kooperationen mit österreichischen Betrieben**

— Entwicklung von Systemen und Geräten zur Messung der Flüssigkeitsdichte, der Lösungskonzentration, der Temperatur und des Erdwiderstandes.

# 11. ABTEILUNG SYSTEMPROGRAMMIERUNG

*Rechtsträger:* Universität Linz
*Adresse:*      4040 Linz-Auhof
*Telefon:*      (0 72 22) 31 3 81/440 (DW)
*Leiter:*      o. Prof. Dr. Jörg R. MÜHLBACHER

**Angaben zur F&E-Infrastruktur**

Die wissenschaftliche Tätigkeit der Abteilung umfaßt vor allem Softwareentwicklung für Minicomputersysteme und Mikroprozessorsysteme.

*Einschlägige F&E-Projekte:* Betriebssystem-Monitor auf Mikroprogrammebene; Mikroprozessor-Monitor mit Disassembler; Schnittstellenprogrammierung; Softwareentwicklung (Softwareengineering) für Mini- und Mikrocomputersysteme; Transfer von Methoden bei Großprojekten auf Großrechner in das Mikroprozessorumfeld.

# 12. ABTEILUNG FESTKÖRPERPHYSIK

*Rechtsträger:* Universität Linz
*Adresse:*      4020 Linz-Auhof

*Telefon:* (0 72 22) 31 3 81/969 (DW)
*Leiter:* o. Prof. Dr. Helmut HEINRICH

## Angaben zur F&E-Infrastruktur

Die Wissenschaftsdisziplinen der Abteilung umfassen Elektronik, Elektrotechnik und Festkörperphysik. An Großgeräten steht der Abteilung ein Helium-Verflüssiger, ein Fourier-Spektrometer, ein Raster-Elektronenmikroskop sowie Einrichtungen für die Ionenimplantation zur Verfügung.

*Einschlägige F&E-Projekte:* Dünnfilm-Epitorie von Bleichalkogeniden; optische und elektrische Eigenschaften; Fotolithografie; Ionenimplantation; Defektniveaus, Prototypen- und Nullserienfertigung.

## Beispiele von Kooperationen mit österreichischen Betrieben

— Entwicklung von Infrarotoktektonen für den 3—5-micron-Bereich.

# Anhang 4

**Zusammensetzung des Projektteams „Mikroelektronik"**

Vorsitz:                          Frau Bundesminister Dr. Hertha FIRNBERG
Stellvertretender Vorsitz:  Sektionschef Dr. Wilhelm GRIMBURG
                                      Bundesministerium für Wissenschaft und
                                      Forschung
Geschäftsführung:          Dr. Norbert ROZSENICH
                                      Bundesministerium für Wissenschaft und
                                      Forschung


Mitglieder:  Dr. Norbert ADLER
             Fachverband der Elektroindustrie
             Bundeskammer der gewerblichen Wirtschaft

             Dkfm. Dr. Kurt ARNEGGER
             Innova
             Wiener Innovationsgesellschaft m. b. H.

             Dipl.-Ing. Dr. Wolfgang ATTWENGER
             Österreichisches Forschungszentrum Seibersdorf

             Dr. Hanns BINNER
             Institut für Allgemeine Elektrotechnik und Elektronik
             Technische Universität Wien

             Dipl.-Ing. Herbert BIRKNER
             Fachverband der Elektroindustrie
             Bundeskammer der gewerblichen Wirtschaft

             Dkfm. Dr. Franz BITTERMANN
             Österreichische Investkredit AG

             OR Univ.-Doz. Dipl.-Ing. Dr. Rudolf BURGER
             Bundesministerium für Wissenschaft und Forschung

             o. Univ.-Prof. Dipl.-Ing. Dr. Helmut DETTER
             Institut für Feinwerktechnik
             Technische Universität Wien

             Dr. Stefan DOLINAY
             Fachverband der Elektroindustrie
             Bundeskammer der gewerblichen Wirtschaft

             o. Univ.-Prof. Dipl.-Ing. Dr. Richard EIER
             Sektion Elektronik und Nachrichtentechnik
             Österreichischer Verband für Elektrotechnik

a. o. Univ.-Prof. Dr. Wolfgang FALLMANN
Institut für Allgemeine Elektrotechnik und Elektronik
Technische Universität Wien

MR Dipl.-Ing. Hans FELLNER
Bundesministerium für Handel, Gewerbe und Industrie

Univ.-Doz. Dipl.-Ing. Peter FLEISSNER
Institut für sozio-ökonomische Entwicklungsforschung
Österreichische Akademie der Wissenschaften

o. Univ.-Prof. Dipl.-Ing. Dr. Wilfried FRITZSCHE
Institut für Elektronik
Technische Universität Graz

Dr. Walter GRAFENDORFER
Österreichische Computergesellschaft

Gen.-Dir. Dr. Oskar GRÜNWALD
Österreichische Industrieverwaltungs-AG

o. Univ.-Prof. Dr. Helmut HEINRICH
Institut für Experimentalphysik
Johannes-Kepler-Universität Linz

Mag. Robert KARL
Österreichische Industrieverwaltungs-AG

Gen.-Sekr. Dr. Raoul KNEUCKER
Fonds zur Förderung der wissenschaftlichen Forschung

Dr. Wolfgang LAUBER
Arbeiterkammer Wien

Dr. Alec LEE
Internationales Institut für Angewandte Systemanalyse

a. o. Univ.-Prof. Dr. Hans LEOPOLD
Institut für Physikalische Chemie
Karl-Franzens-Universität Graz

Prof. Dipl.-Ing. Fred MARGULIES
Gewerkschaft der Privatangestellten (bis Sommer 1980)

Vorstandsdirektor Dkfm. Kurt MESZAROS
Österreichische Mineralölverwaltung AG

Dr. Michaela MORITZ
Gewerkschaft der Privatangestellten (seit Sommer 1980)

OR Dipl.-Ing. Franz OISMÜLLER
Bundesversuchs- und Forschungsanstalt Arsenal

o. Prof. Dipl.-Ing. Fritz PASCHKE
Institut für Allgemeine Elektrotechnik und Elektronik
Technische Universität Wien

o. Prof. Dr. Rupert PATZELT
Institut für Elektrische Meßtechnik
Technische Universität Wien

Rat Dipl.-Ing. Dr. Kurt PERSY
Bundesministerium für Wissenschaft und Forschung

OR Dipl.-Ing. Heinz PITTNER
Bundesministerium für Bauten und Technik
Interministerielles Komitee für die Koordination des technischen
Versuchswesens

Mag. Rudolf PLOTZ
Büro für Berufskundliche Arbeiten
Österreichische Arbeitsmarktverwaltung
Landesarbeitsamt Wien

o. Univ.-Prof. Dr. Robert REICHARDT
Institut für Soziologie
Universität Wien

o. Prof. Dipl.-Ing. Dr. Kurt RICHTER
Institut für Grundlagen der Elektrotechnik und für theoretische
Elektrotechnik
Technische Universität Graz

Dr. Winfried SCHENK
Österreichische Investkredit AG
(bis Sommer 1981: Österreichisches Institut für Wirtschaftsforschung)

OR Dipl.-Ing. Dr. Andreas SETHY
Bundesversuchs- und Forschungsanstalt Arsenal

Vorst.-Dir. Dipl.-Ing. Walter SKORPIK
Fachverband der Elektroindustrie
Bundeskammer der gewerblichen Wirtschaft

MR Dr. Oswald TISCHLER
Bundesministerium für Unterricht und Kunst

Dr. Wolfgang TRITREMMEL
Österreichische Industriellenvereinigung

Dipl.-Kfm. Hans WEHSELY
Österreichischer Arbeiterkammertag

Dipl.-Ing. Herbert WOTKE
Forschungsförderungsfonds der gewerblichen Wirtschaft

Dir. Dipl.-Ing. Dipl.-Wirtsch.-Ing. Otto ZICH
VOEST-Alpine AG, Linz

# Autoren

### Werner Beyerle

Geboren 1952 in Wels (Oberösterreich); 1970 bis 1975 Studium der industriellen Elektronik und Regelungstechnik an der Technischen Universität Wien (Dipl. Ing.); von 1973 bis 1975 Mitarbeiter am Institut für Grundlagen und Theorie der Elektrotechnik an der Technischen Universität Wien; 1975 bis 1979 Assistent am Institut für Digitale Anlagen der Technischen Universität Wien; seit 1979 Professor an der Höheren Technischen Bundeslehranstalt Wien X; Seit 1976/77 Universitätslektor an der Technischen Universität Wien; daneben freiberufliche Berater- und Seminartätigkeit für zahlreiche Unternehmen im In- und Ausland.
*Forschungsgebiete:* Leistungsbewertung und Simulation von Computersystemen, Mikroelektronik und Mikroprozessoren in Lehre und Ausbildung.

### Gerhard Bonelli

Geboren 1945 in Wien; Lehramtsstudium und Doktoratsstudium an der Universität Wien und der Technischen Universität Wien; Dr. phil. (Logistik/Mathematik und Astronomie); 1970/71 und 1971/72 am Institut für Höhere Studien und Wissenschaftliche Forschung; 1972 Certificate der Summer School of the University of Vienna; seit 1972 Assistent am Institut für Soziologie der Universität Wien.
*Wissenschaftliche Schwerpunkte:* Methodologie, Freizeit, Technologie und Gesellschaft, Sozialökologie.

### René Dell'mour

Geboren 1953 in Wien; Studium der Sozialwissenschaften an der Universität Wien; 1976 Diplom (Statistik); seit 1976 wissenschaftlicher Mitarbeiter am Institut für sozioökonomische Entwicklungsforschung der Österreichischen Akademie der Wissenschaften.
*Hauptgebiete:* Bildungsplanung, angewandte Systemanalyse.

### Peter Fleissner

Geboren 1944 in Hainburg/Donau (Niederösterreich); Studium der Nachrichtentechnik an der Technischen Universität Wien; 1968 Dipl. Ing. (Nachrichtentechnik); 1971 Dr. techn. (Mathematik); 1971 bis 1973 Leiter der Abteilung Ökonomie am Institut für Höhere Studien; 1971 bis 1972 Lehrbeauftragter für Ökonometrie an der Technischen Universität Wien; 1973 bis 1977 wissenschaftlicher Mitarbeiter am Institut für sozioökonomische Entwicklungsforschung der Österreichischen Akademie der Wissenschaften; seit 1978 stellvertretender Direktor; 1981 Univ. Doz. für ökonometrische Sozialkybernetik an der Technischen Universität Wien; seit 1973 Konsulent am Internationalen Institut für angewandte Systemanalyse in Laxenburg.
*Hauptgebiete:* Sozialkybernetik, Gesundheitspolitik, Technologiefolgenabschätzung.

## Paul Knötig

Geboren 1955 in Wien; Studium an der Universität Wien (Soziologie, Politologie, Publizistik); 1981 Mag. rer. soc. oec.; seit 1981 Forschungsassistent am Institut für Soziologie der Universität Wien.

*Wissenschaftliche Schwerpunkte:* Technik und Gesellschaft, Zukunftsforschung, Familiensoziologie, Sozialisation.


## Wolfgang Lauber

Geboren 1947 in Wels (Oberösterreich); Studium an der Technischen Universität Wien und an der Universität Wien; 1972 Dipl. Ing. (Nachrichtentechnik); 1977 Dr. phil. (Psychologie, Mathematik); 1973 bis 1978 Berufstätigkeit am Prozeßrechenzentrum der Technischen Universität Wien; seit 1978 Sozialwissenschaftliche Abteilung der Kammer für Arbeiter und Angestellte für Wien.

*Hauptarbeitsgebiete:* Arbeitswissenschaften, betriebliche Entscheidungsprozesse, gesellschaftliche Probleme bei Technologieentwicklung und -einsatz.


## Julius Mende

Geboren 1944 in Seekirchen b. Salzburg; Studium an der Akademie der Bildenden Künste und Universität Wien (Malerei, Bildnerische Erziehung und Geschichte); 1968 Diplom für Malerei an der Akademie der Bildenden Künste in Wien; 1972 bis 1974 Lehrbeauftragter an der Pädagogischen Akademie des Bundes in Wien; 1976 Lehramt für Bildnerische Erziehung und Werkerziehung an der Akademie der Bildenden Künste; seit 1976 Lehrbeauftragter an der Akademie der Bildenden Künste Wien.

*Hauptgebiete:* Erziehungswissenschaften, Stadtplanung, Arbeitswissenschaften; zahlreiche Publikationen im In- und Ausland.


## Michaela Moritz

Geboren 1947 in Mondsee (Oberösterreich); Studium der Psychologie und Soziologie in Wien und Salzburg; Dr. phil.; 1973 bis 1980 Österreichisches Bundesinstitut für Gesundheitswesen, Wien; seit 1980 Ausschuß für Automation und Arbeitsgestaltung der Gewerkschaft der Privatangestellten, Wien.

*Hauptarbeitsgebiete:* Medizinsoziologische Fragestellungen, Arbeitswissenschaften, betriebliche und soziale Auswirkungen neuer Technologien, Arbeitsgestaltung, Arbeitsorganisation.


## Franz Ofner

Geboren 1946 in Wien; Studium an der Universität Wien (Mathematik, Pädagogik und Psychologie); 1972 bis 1975 Erzieher bei der Bewährungshilfe und an der Klinik für Kinder- und Jugendpsychiatrie in Wien; seit 1981 wissenschaftlicher Mitarbeiter am Institut für Bildungsökonomie und Bildungssoziologie an der Universität für Bildungswissenschaften in Klagenfurt.

*Hauptgebiete:* Erziehungswissenschaften, Arbeitswissenschaften.

## Gerhard O. Orosel

Geboren 1946 in Wien; Studium der Rechtswissenschaften an der Universität Wien; 1970 Dr. jur.; 1969 bis 1971 Scholar am Institut für Höhere Studien in Wien; 1971 bis 1974 Universitätsassistent am Institut für Wirtschaftswissenschaften an der Universität Wien; 1971 Univ. Doz. für Volkswirtschaftstheorie; 1974 bis 1977 Wissenschaftlicher Rat und Professor für Wirtschaftstheorie an der Universität Bonn; seit 1977 o. Univ. Prof. für Volkswirtschaftstheorie und Volkswirtschaftspolitik an der Universität Wien.

*Hauptgebiete:* Wachstumstheorie, Kapitaltheorie, spezielle Bereiche der Mikro- und Makrotheorie.


## Robert Reichardt

Geboren 1927 in Basel (Schweiz); 1960 Dr. phil. (Ökonomie, Soziologie und Ethnologie) Basel; 1960/61 Research Associate Princeton University (USA); 1965 Habilitation in Soziologie, Basel; seit 1966 Ordinarius an der Universität Wien; seit 1977 Direktor des Instituts für sozio-ökonomische Entwicklungsforschung der Österreichischen Akademie der Wissenschaften (wirkl. Mitglied).

*Forschungsgebiete:* Theorie und Methodologie der Soziologie, Umwelt- und Wertprobleme, Konsum-, Kultur- und Kunstsoziologie, Technik und Gesellschaft; mehrere Bücher.


## Walburga Ruppert

Geboren 1944 in Willingen (BRD); Studium in Gießen, Frankfurt/Main und Wien; 1975 Dr. phil. (Philosophie, Soziologie, Pädagogik und Kunstgeschichte); seit 1979 Assistent am Institut für Soziologie der Universität Wien.

*Wissenschaftliche Schwerpunkte:* Technik und Gesellschaft, Zukunftsforschung, Medizinsoziologie, Soziolinguistik.


## Winfried Schenk

Geboren 1944 in Graz (Steiermark); Studium der Staatswissenschaften an der Universität Wien, 1974 Dr. rer. pol.; 1970 bis 1981 Mitarbeiter des Österreichischen Institutes für Wirtschaftsforschung (Industriereferat); 1981 Visiting Fellow am Science Policy Research Unit, Universität Sussex, Brighton, U. K.

*Hauptarbeitsgebiete:* Empirische Industrieökonomie, Ausbreitung neuer Technologien, Beschäftigungswirkungen des technischen Fortschritts, Technologie- und Innovationspolitik.


## Hannes Schmidl

Geboren 1950 in Wien; Studium der technischen Mathematik, Technische Universität Wien; 1976 Diplom; 1980 Doktorat; seit 1978 wissenschaftlicher Mitarbeiter am Österreichischen Bundesinstitut für Gesundheitswesen, Wien.

*Hauptarbeitsgebiete:* Planung, Statistik im Gesundheitswesen, Sozialversicherung.

**Peter Paul Sint**

Geboren 1940 in Wien; Studium der Physik und Mathematik an der Universität Wien; 1965 Dr. phil. (Physik und Mathematik); 1964 bis 1966 Assistent am Institut für Höhere Studien, Abteilung Soziologie; 1966 bis 1974 Assistent am Institut für Statistik und am Rechenzentrum der Universität Wien; seit 1974 wissenschaftlicher Mitarbeiter am Institut für sozio-ökonomische Entwicklungsforschung der Österreichischen Akademie der Wissenschaften; Mitherausgeber der Compstat Lectures.

*Hauptgebiete:* Cluster Analyse, Energiesystemanalyse, Technologieinnovation.

# Bibliographie

## Sozialwissenschaftliche Studien

Auswirkungen der Mikroelektronik auf die bayerische Wirtschaft, Band 1-5, Bericht für den bayerischen Staatsminister für Wirtschaft und Verkehr, Institut für Systemtechnik und Innovationsforschung, Karlsruhe 1978.

Auswirkungen der technischen Entwicklungen in der Mikroelektronik auf Wirtschaft, Arbeitsmarkt und sozialen Wandel, Prognos, Basel, September 1980.

Beschäftigungsauswirkungen struktureller und technologischer Veränderungen, Forschungsbericht für das bayerische Staatsministerium für Arbeit und Sozialordnung, Dorsch Consult Ingenieurgesellschaft, München 1979.

Der Einfluß neuer Techniken auf die Arbeitsplätze. Eine Analyse ausgewählter Studien unter spezieller Berücksichtigung der neuen Informationstechniken, Bericht für das Bundesministerium für Forschung und Technologie in Bonn, Institut für Systemtechnik und Innovationsforschung der FHG, Karlsruhe 1977.

Netherlands Microelectronics Study, General Technology Systems Ltd., Brentford, Middlesex, 1979.

The Impact of Microprocessors on Industry, Education and Society, Australian Academy of Science, Canberra 1980.

The Microelectronics Revolution: A Brief Assessment of the Industrial Impact with a Selected Bibliography, Occ. Paper, Techn. Policy Unit, University of Aston, Birmingham, Dezember 1978.

The Socio-Economic Impact of Microelectronics, International Conference on Socio-Economic Problems and Potentialities, Edited by *J. Berting, S. C. Mills* and *H. Wintersberger*, Pergamon, New York 1981.

Theorien über Automationsarbeit, Band III: Theorien über Automationsarbeit, Argument-Sonderband 31, Berlin 1978.

*F. Adler:* Zu einigen Grundmerkmalen der wissenschaftlich-technischen Revolution, Arbeitskreis Wissenschaftlich-technische Intelligenz, Wien 1978.

*D. Balkhausen:* Die dritte industrielle Revolution, Econ Verlag, Düsseldorf 1978.

*I. Barron — R. Curnow:* The Future with Microelectronics, Frances Pinter Ltd., London 1979.

*G. Bechmann — K. Huxdorff — R. Vahrenkamp:* Auswirkungen des Einsatzes informationsverarbeitender Technologien, untersucht am Beispiel von Verfahren des rechnerunterstützten Konstruierens und Fertigens (CAD/CAM). Eine sozialwissenschaftliche Begleituntersuchung (CAD-Berichte), Kernforschungszentrum Karlsruhe GmbH., September 1978.

*G. Brandt u. a.:* Computer und Arbeitsprozeß, Campus Verlag, Frankfurt 1979.

*R. Burger:* Kapital als Maschinerie, Wirtschaftspolitische Blätter, 2/1981.

*A. M. Danzin:* Die gesellschaftlichen Auswirkungen der Informationstechnologien, Oldenbourg Verlag, München 1978.

*N. Dietrich:* Personalinformationssysteme und ihre Folgen, Wechselwirkung, 7/1980, S. 10-14.

*W. Dostal — K. Koestner:* Mikroprozessoren — Auswirkungen auf Arbeitskräfte?, Mitteilungen aus der Arbeitsmarkt- und Berufsforschung, 2/1977, S. 243-251.

*H. Downing:* Word Processors and the Oppression of Women, in *T. Forester* (Hrsg.): The Microelectronics Revolution, Blackwell, Oxford 1980, S. 275-287.

*H. H. Fabris — K. Luger:* Neue Medien — Stand der Begleitforschung, Literaturstudie im Auftrag des Bundesminsteriums für Wissenschaft und Forschung, Salzburg, November 1980.

*P. Fleissner — R. Dell'mour — P. P. Sint:* An Input-Output Approach for the Assessment of Technological Change, Paper Presented at the Geneva Workshop on Methodologies to Assess The Impact of Technological Change on Productivity and Employment, Centre d'études industrielles, Genf 1980 (Manuskript).

*T. Forester:* The Microelectronics Revolution, Blackwell, Oxford 1980.

*C. Freeman:* Unemployment and Government, in *T. Forester* (Hrsg.): The Microelectronics Revolution, Blackwell, Oxford 1980, S. 308-317.

*G. Friedrichs:* Microelectronics — A New Dimension of Technological Change and Automation, „The Coming Decade of Danger and Opportunity", Club of Rome Conference, Berlin, 3. bis 6. Oktober 1979.

*J. Fuhrmann:* Automation und Angestellte, Europäische Verlagsanstalt, Frankfurt 1971.

*K. Goser — G. Friedrichs:* Rationalisierung durch den Einsatz von Mikroprozessoren. Auswirkungen auf Produktion und Beschäftigung, Arbeitsgemeinschaft für Rationalisierung des Landes Nordrhein-Westfalen, Dortmund 1978.

*G. Hidden:* Die Mikroprozessoren — Aufbau, Funktion und soziale Folgen einer Technologie, Schriftenreihe Gewerkschaftspolitische Studien, Heft 15, Verlag Die Arbeitswelt, Berlin 1979.

*T. Ch. Hill — J. M. Utterback:* Technological Innovation for a Dynamic Economy, Pergamon Press, New York 1979.

*C. Jenkins — B. Sherman:* Computers and the Unions, Longman, London 1977.

*C. Jenkins — B. Sherman:* The Collapse of Work, Methuen, London 1979.

*C. Jenkins — B. Sherman:* White-Collar Unionism — The Rebellious Salariat, Routledge & Kegan Paul, London 1979.

*H. Kern — M. Schumann:* Industriearbeit und Arbeiterbewußtsein, Edition Suhrkamp, Bd. 907, Frankfurt 1977.

*K. Kobayashi:* The Japanese Computer Industry: Its Roots and Development, IIASA, CP-80-2, Laxenburg, Jänner 1980.

*G. R. Koch — R. H. Hoffmann:* Statistische Angaben zum Stand der Prozeßdatenverarbeitung in der Bundesrepublik Deutschland, Angewandte Informatik, 6/1978, S. 248-257.

*R. Koch:* Elektronische Datenverarbeitung und kaufmännische Angestellte, Campus Verlag, Frankfurt 1978.

*S. Kracauer:* Die Angestellten, Suhrkamp Verlag, Frankfurt 1971.

*H. Krauch:* Wie Menschen zu Daten verarbeitet werden, Psychologie heute, 6/1978, S. 23-31.

*L. Kressl:* Technischer Wandel, Automation — Auswirkungen auf die Arbeitsbedingungen der Beschäftigten unter besonderer Berücksichtigung der Mikroelektronik, Dissertation, Universität Wien, Februar 1980.

*S. Lange:* Auswirkungen der Mikroelektronik auf Wirtschaft und Arbeitsmarkt: Thesen zur Diskussion in der BRD, 5. ISI-Jahreskolloquium „Mikroelektronik, Wettbewerb und Beschäftigung — Eine Bilanz", Karlsruhe, 28. Februar 1980.

*S. A. Levitan:* The Unemployment Numbers are the Message, Economic Impact, Nr. 25, 1/1979, S. 9-12.

*B. Lutz:* Chancen und Probleme der Mikroelektronik für die Arbeitnehmer, 5. ISI-Jahreskolloquium „Mikroelektronik, Wettbewerb und Beschäftigung — Eine Bilanz", Karlsruhe, 28. Februar 1980.

*I. M. Mackintosh:* The Impact of Electronics Technology on Employment, in: Tomorrow in Worlds Electronics, Grosvenor House, London, 21. und 22. März 1979, S. 100.

*H. Maier:* Innovation, Efficiency and the Quantitative and Qualitative Demand for Labor, IIASA, WP-80-138, Laxenburg, September 1980.

*J. C. Massor:* Impact of New Technologies on Productivity and Employment, Example of Industrial Robots, Battelle-Institut, Genf 1980.

*O. Pastre:* Informatisation et emploi: de faux débats autour d'un vrai problème, Workshop on Methodologies to Assess the Impact of Technological Change on Productivity and Employment, Genf, 3. bis 5. September 1980.

*W. Pollan:* Ist technologische Arbeitslosigkeit unabwendbar?, Wirtschaftspolitische Blätter, 4/1980, S. 41-48.

*M. U. Porat:* Emergence of an Information Economy, Economic Impact, 4/1978, S. 29-35.

*J. Rada:* Microelectronics, Information Technology and its Effects on Developing Countries, European Coordination Centre for Research and Documentation in Social Science, Wien 1979.

*R. J. Rahn:* Labour Force Impact of Microelectronics: Canada Institute for Research on Public Policy, Montreal 1980.

*J. Reese u. a.:* Gefahren der informationstechnologischen Entwicklung, Campus Verlag, Frankfurt 1979.

*I. Schmoranz u. a.:* Makroökonomische Analyse des Informationssektors, Schriftenreihe der OCG 10, Oldenbourg, Wien 1980.

*M. Schmutzer:* Technische Innovation — Soziale Innovation, IFZ, Wien 1979.

*T. Stonier:* The Impact of Microprocessors on Employment, in *T. Forester* (Hrsg.): The Microelectronics Revolution, Blackwell, Oxford 1980, S. 303-307.

*O. Ullrich:* Technik und Herrschaft, Suhrkamp Verlag, Frankfurt 1979.

*O. Ullrich:* Weltniveau, Rotbuch Verlag, Berlin 1979.

*J. Weizenbaum:* Die Macht der Computer und die Ohnmacht der Vernunft, Suhrkamp Verlag, Frankfurt 1978.

*W. Winkler:* Soziologische, organisationstheoretische und arbeitsmarktpolitische Aspekte der Büroautomatisierung, Volkswirtschaftliche Schriften, Heft 289, Duncker & Humblot, Berlin 1979.

*W. Zegveld:* Technologieentwicklung und Beschäftigung, 5. ISI-Jahreskolloquium „Mikroelektronik, Wettbewerb und Beschäftigung — Eine Bilanz", Karlsruhe, 28. Februar 1980.


## Wissenschaftliche Tagungen

Ein Experimentalsystem für die Kommunikation von Gruppen über Computer, Informationsveranstaltung: Die Informatisierung der Gesellschaft, GMD, Bonn, 10. Juli 1979.

Informationssysteme für die achtziger Jahre, Fachtagung 1980 der Österreichischen Gesellschaft für Informatik, Band 1, Johannes Kepler Universität, Linz.

Informationstagung Mikroelektronik 1979, im Rahmen der Fachmesse „Industrielle Elektronik" 1979, veranstaltet von: BMfWuF, BMfBuT, TU Wien, TU Graz, ÖFZ Seibersdorf und BVFA Arsenal.

Investitionsförderung und Strukturpolitik in der Bundesrepublik Deutschland, in der Schweiz und in Österreich. Perspektiven — Berichte — Analysen, Ergebnisse eines Symposiums der Zentralsparkasse, Wien, 5. April 1979.

Second IFIP-Conference „Human Choice and Computers", Baden, 4. bis 8. Juni 1979.

Socio-Economic Problems and Potentialities of the Application of Micro-Electronics at Work, Zandvoort, Niederlande, 19. bis 22. September 1979, European Coordination Centre for Research and Documentation in Social Science, Wien; Papers: *J. Jirasek — R. Kalman — T. R. Ide — T. Vasko — E. Mumford — G. Friedrichs — Kristiansson.*

Symposium „Computer und Arbeitsorganisation", veranstaltet von der Gewerkschaft der Privatangestellten und der Technischen Universität, Wien, 8. November 1979; Papers: *H. Kerner — H. Braun — E. Mumford — E. Ulich.*

Technische Innovation ohne soziale Innovation? Interdisziplinäres Forschungszentrum Technik, Naturwissenschaft, Gesellschaft, Wien, Seminar, 30. Mai bis 1. Juni 1980.


**Bildungswissenschaftliche Studien**

*U. Bosler — K.-H. Hansen* (Hrsg.): Mikroelektronik, sozialer Wandel und Bildung, Weinheim-Basel 1981.

*R. Gizycki — U. Weiler:* Mikroprozessoren und Bildungswesen, Oldenbourg, München 1980.

*A. Hegelheimer — G. Weisshuhn:* Ausbildungsqualifikation und Arbeitsmarkt, Deutsches Institut für Wirtschaftsforschung, Beiträge zur Strukturforschung, Heft 29, 1974; Duncker & Humblot, Berlin 1974.

*A. Melezinek:* Mikroelektronik im Bildungswesen, Endbericht einer Studie des Bundesministeriums für Wissenschaft und Forschung, Klagenfurt 1981.

*O. Mickler — W. Mohr — U. Kadritzke:* Produktion und Qualifikation, zwei Bände, Göttingen 1977.

*Projektgruppe Automation:* Automation in der BRD, Argument-Sonderband 7, Berlin 1975.

*Projektgruppe Automation:* Entwicklung der Arbeitstätigkeiten und die Methode ihrer Erfassung, Argument-Sonderband 19, Berlin 1978.

*Projektgruppe Automation:* Theorien über Automationsarbeit, Argument-Sonderband 31, Berlin 1978.

*H. Schauer — M. Tauber:* Informatik in der Schule, Wien-München 1980.

*M. Weissenböck:* Informatikunterricht, Wissenschaft aktuell, 1/1980.

## Organisationswissenschaftliche Studien

*H. J. Bullinger — G. Hachtel:* Gestaltungsspielräume bei der Anpassung der Unternehmensorganisation an die Anforderungen der Mikroelektronik, 5. ISI-Jahreskolloquium „Mikroelektronik, Wettbewerb und Beschäftigung — Eine Bilanz", Karlsruhe, 28. Februar 1980.

*J. Ch. Burns:* The Automated Office, in *T. Forester* (Hrsg.): The Microelectronics Revolution, Blackwell, Oxford 1980, S. 220-231.

*G. Fick:* The Managerial and Organizational Consequences of Small Scale Computer Systems, IIASA, CP-79-2, Laxenburg, Jänner 1979.

*E. Gaugler:* Rationalisierung und Humanisierung von Büroarbeiten, Kiehl Verlag, Ludwigshafen 1980.

*H. J. Lutz:* Textverarbeitung — Erwiderung auf die Ansätze eines neuen Taylorismus, Arbeitsbericht Nr. 11, IFBI — Forschungsschwerpunkt Betriebsinformatik, Universität Linz, Dezember 1978.

*W. Rohmert — J. Rutenfranz — E. Ulich:* Das Anlernen sensomotorischer Fertigkeiten, Europäische Verlagsanstalt, Frankfurt 1971.

*N. Szyperski:* Anforderungen der Mikroelektronik an die Unternehmensführung, 5. ISI-Jahreskolloquium „Mikroelektronik, Wettbewerb und Beschäftigung — Eine Bilanz", Karlsruhe, 28. Februar 1980.

*R. Zermeno-Gonzales:* A Conceptual Framework for the Study of the Adoption of Robots in Manufacturing Industry, IIASA, WP-79-123, Laxenburg, Dezember 1979.


**Nationale und internationale Stellungnahmen mit offiziellem Charakter**

Ad Hoc Meeting of Experts on Micro-Computers, Provisional Agenda, Working Party on Automation, in: United Nations Economic and Social Council, Automat AC41, 1978.

Die Beschäftigung und die neue Mikroelektronik-Technologie, Kommission der Europäischen Gemeinschaften, Brüssel 1980.

Effects of Computerization on Employment and Working Environment, Dir. 1978:76, Decision at Cabinet Meeting, Schweden, 20. Juli 1978.

Implications of Microelectronics on Productivity and Employment, DSTI/ICCP/78.31, OECD, Paris, Oktober 1978.

Industrial Innovation, Cabinet Office, Advisory Council for Applied Research and Development, HMSO, London 1978.

Investigation of the Effects of Computerization and Electronics on the Development of Industry and Commerce, Dir. 1978:66, Ministry of Industry, Schweden 1978.

Joint Working Party of the Committee for Scientific and Technological Policy and the Industry Committee on Technology and the Structural Adaptation of Industry, The U. S. Government Role in the Integrated Circuit Innovation, DSTI/SPR/77.15, DSTI/IND/77.23, OECD, Paris, 16. März 1977.

Marktstudie Halbleiter (Kurzfassung), Mackintosh Consultants, Studie im Auftrag des Bundesministeriums für Forschung und Technologie, Bonn, Dezember 1976.

Micro-Electronics and the Impact on the Employment Situation — Report on a Meeting of Management Experts, OECD, Paris, November 1980.

Microelectronics: Challenge and Response, Memorandum of the Secretaries of State for Industry, Employment and Education and Science NEDC(78)73, Department of Industry, London, 27. November 1978.

Microelectronics, Productivity and Employment, ICCP, OECD, Paris 1981.

Special Session on Impact of Microelectronics on Productivity and Employment, 27. bis 29. November 1979, Monopoly, Competition and Regulation: Developments in the Canadian Telecommunications Industry, Presented by M. Prentis, DSTI/ICCP/79.62/04(D), OECD, Paris, 8. November 1979.

Statement by Business and Industry Advisory Committee (BIAC) Special Session on Impact of Microelectronics on Productivity and Employment, DSTI/ICCP/79.62/BIAC, OECD, Paris, November 1979.

Statement by the Trade Union Advisory Committee (TUAC) to the OECD, DSTI/ICCP/79.62/TUAC, OECD, Paris, November 1979.

Survey on Research on Impact of Electronics, Telecommunications and Microprocessors on Productivity and Employment in Member Countries, Group of Experts on Economic Analysis of Information Activities and the Role of Electronics and Telecommunications Technologies, DSTI/ICCP/78.42, OECD, Paris, März 1979.

The Social Impact of Micro-Electronics, Report of the Rathenau Advisory Group, Government Publishing Office, The Hague 1980.

*C. Freeman:* Science and Technology in the New Socio-Economic Context, Chapter 3, Technical Change, Employment and Unemployment, OECD, Paris, 8. Juni 1978.

*M. Hopkins — R. Van der Hoeven:* A Note on the Impact of Micro-Processor Technology on Employment, ILO, Genf, August 1980.

*J. W. Kendrick:* Analytical Summary and Perspectives on the Impact of Microelectronics on Productivity and Employment, DSTI/ICCP/80.8, OECD, Paris, 19. Mai 1980.

*S. Nora — A. Minc:* Die Informatisierung der Gesellschaft, Campus, Frankfurt 1979.

*K. Nygaard — J. Fjalestad:* Group Interests and Participation in Information System Development, DSTI/ICCP/79.62/14(A), OECD, Paris, November 1979.

*E. B. Parker:* Social Implications of Computer/Telecommunications Systems, Conference on Computer/Telecommunications Policy, DSTI/CUG/75.1, OECD, Paris, Februar 1975.

*K. Pavitt — R. Nelson:* Science and Technology in the New Socio Economic Context: The Rate of Technical Advance, OECD, Paris, 8. Juni 1978.

*J. Rada:* The Impact of Micro-Electronics, International Labour Office, Genf 1980.

*J. S. Smith:* Implications of Developments in Microelectronic Technology on Women in the Paid Workforce, DSTI/ICCP/79.62/23, OECD, Paris, November 1979.

*G. Warskett:* The Role of Information Labour in Total Canadian Manufacturing, 1948-1973, Group of Experts on Economic Analysis of Information Activities and the Role of Electronics and Telecommunications Technologies, Chapter II, Subject II, DSTI/ICCP/79.28, OECD, Paris 1979.


**Stellungnahmen von Unternehmen und ihren Organisationen**

Industrieroboter im Einsatz. Flexible Automation — Eine Chance für Industrie und Gewerbe in den achtziger Jahren, Perspektiven — Berichte — Analysen, Ergebnisse eines Symposiums der Zentralsparkasse vom 2. und 3. Dezember 1980, Wien, März 1981.

Mikroprozessoren — eine Technologie für Klein- und Mittelbetriebe, Tagungsbericht Zentralsparkasse, Wien 1978.

Neue Technologien und Produkte für Österreichs Wirtschaft, Zentralsparkasse der Gemeinde Wien, Wien, März 1979.

*F. Benedetti:* The Impact of Electronics Technology in the Office, in: Tomorrow in World Electronics, Grosvenor House, London, 21. und 22. März 1979, S. 127-138.

*J. G. Maisonrouge:* Computers and Society, in: Tomorrow in World Electronics, Grosvenor House, London, 21. und 22. März 1979, S. 82-88.

*O. H. Rothenbücher:* The Top 50 U. S. Companies in the Data Processing Industry, Datamation, Juni 1977, S. 61-74.

*G. Wolf:* Mikroelektronik: Umstellung ist zu bewältigen, Die Industrie, 15/1978, S. 18-22.

*G. Wolf:* Umschulung für Mikroelektronik, Die Industrie, 6/1979, S. 16f.


**Stellungnahmen von Gewerkschaftsseite**

Auswirkungen der Rationalisierung auf die Beschäftigungssituation im Europäischen Handelssektor, Internationaler Bund der Privatangestellten, FIET, 1979.

Co-Determination Agreement for the State Sector, Stockholm, 3. April 1978.

Computer und Arbeit, FIET-Aktionsprogramm, Internationaler Bund der Privatangestellten, Genf 1979.

Die Auswirkungen der Mikroelektronik auf die Beschäftigung in Westeuropa während der achtziger Jahre, Europäisches Gewerkschaftsinstitut, EGI, Brüssel 1980.

Die europäische Wirtschaft 1980-1985 — ein Orientierungsplan zur Vollbeschäftigung, Europäisches Gewerkschaftsinstitut, EGI, Brüssel 1980.

Die Verkürzung der Arbeitszeit in Westeuropa, 2. Teil: Analyse der wirtschaftlichen und sozialen Auswirkungen, Europäisches Gewerkschaftsinstitut, EGI, Brüssel 1980.

Employment and Technology, Report by the TUC General Council to the 1979 Congress, Trade Union Congress, London 1979.

Microelectronics — Capitalist Technology and the Working Class, CSE Books, London 1980.

Office Technology, The Trade Union Response, Apex, London 1979.

Rationalisierung — Arbeitsorganisation — Entgeltfindung. Eine Stellungnahme der Sektion Industrie und Gewerbe in der Gewerkschaft der Privatangestellten, Wien 1980.

Strukturelle Arbeitslosigkeit durch Technologischen Wandel?, Schriftenreihe der IG Metall, Frankfurt 1977.

Zur Einführung neuer Technologien. Tips und Informationen für Betriebsräte, Gewerkschaftlicher Linksblock, Wien 1980.

*J. Evans:* The Impact of Technological Change on Productivity and Employment, Europäisches Gewerkschaftsinstitut, EGI, Brüssel, o. J.

*H. Hinz:* Innovationsberatungsstellen (IBS) — Zum IBS-Konzept der IG
Metall, WSI-Mitteilungen 10/1976, S. 617-632.

*A. Sandberg:* Computers Dividing Man and Work, Utbildungsproduktion
AB, Malmö 1979.